健康养猪关键点操作四步法
——图说夯实基础篇

金洪成　编著

中国农业科学技术出版社

图书在版编目（CIP）数据

健康养猪关键点操作四步法.图说夯实基础篇/金洪成编著.— 北京：中国农业科学技术
出版社，2018.2

ISBN 978-7-5116-3231-9

Ⅰ.①健… Ⅱ.①金… Ⅲ.①养猪学－图解 Ⅳ.① S828-64

中国版本图书馆 CIP 数据核字 (2017) 第 221041 号

责任编辑　张国锋
责任校对　贾海霞
出 版 者　中国农业科学技术出版社
　　　　　北京市中关村南大街 12 号　邮编：100081
电　　话　（010）82106636（编辑室）　　（010）82109702（发行部）
　　　　　（010）82109709（读者服务部）
传　　真　（010）82106631
网　　址　http://www.castp.cn
经 销 者　各地新华书店
印 刷 者　固安县京平诚乾印刷有限公司
开　　本　787mm×1 092mm　1 /16
印　　张　15.5
字　　数　396 千字
版　　次　2018 年 2 月第 1 版　2018 年 2 月第 1 次印刷
定　　价　160.00 元

《健康养猪关键点操作四步法——图说夯实基础篇》

编　委　会

主　任　尹燕博　刘　斌　王冬冬

副主任　姜　波　周　怿　赵士平　孔祥杰　张子文

委　员　刘纪玉　郭常赞　刘　通　姜亮亮　张丽丽

　　　　　　孔凡利　于尧德　王德加　王永波　王　芳

　　　　　　刘洪光　刘建超　孙鲁翔　曲琴诗　曲培涛

　　　　　　曲阚嶙　李梦茹　李　林　李海宾　邱少红

　　　　　　张铁军　张忠虎　杨国栋　杨君海　姜忠亮

　　　　　　都玫君　崔国玉　黄振霞

前 言

一、概述

（一）我国养猪业的两次革命

我国养猪业的第一次革命发生在 20 世纪 80 年代，集约化养猪模式的采用或市长主抓菜篮子工程的实施是其举措，解决人们肉食品充足的供应是其目的；虽然历经了 10 年左右的努力，在数量上满足了人们的这一需求，但是由于养猪业主体素质低下和集约化生产工艺设施不规范等因素，疫病混感、环境污染和食品不安全等三大弊端正在越来越明显地损失养猪企业的利润，并成为阻碍其可持续发展的"瓶颈"。对此，要彻底解决上述弊端的我国养猪业，其第二次革命处在酝酿或起步过程中；健康养猪的实施是其举措，将我国养猪企业带入可持续发展的规范化生命周期是其目的。

（二）健康养猪的三个层面

从现场预防兽医学的角度上看，健康养猪应分为夯实基础、未病先防和即病防变三个层面。从猪场经营管理角度上看，这三个层面越为前者，是越为重要的、战略性的；而越为后者，是越为次要的、战术性的。从不同管理级别的角度上看，因夯实基础涉及猪场软、硬件基础建设，更需要猪场投资方高层厘清；因未病先防涉及现场层面两大技术体系的融会贯通，更需要猪场执行班底的熟知；因即病防变涉及八大混感综合征系列病的诊断、治则、用药技巧，更应是猪场兽医及基层多面手的强项。

二、夯实基础篇的两大技术体系

本书是由上篇"在软硬件系统建设上夯实基础"和下篇"在多面手人才培训上夯实基础"组成。

（一）上篇"在软硬件系统建设上夯实基础"所涉及的有关内容

本篇主要阐述猪场企业在步入规范化生命周期时，其核心竞争力中的生物安全系统和工程防疫系统等方面应具备的软硬件基础档次；并借此最大限度地消除病因和获得可持续发展之态势。

1. 健全生物安全系统部分

其重点阐述了实施全进全出、限制媒介传播、执行免疫接种、实行五个监测，实施 5S 管理和严格引进猪隔离适应等子系统内容。

2. 完善工程防疫系统部分

其重点阐述了猪场场址的选定、规划布局的选定、各类猪舍的选定、舍内设施的选定、卫生消毒设施的选定和粪肥资源化设施的选定等子系统内容。

（二）下篇"在多面手人才培训上夯实基础"所涉及的有关内容

本篇主要阐述猪场企业在步入规范化生命周期时，其核心竞争力中的日常操作关键点的培训和设施养猪关键点的培训等方面应具备的多面手人才素质档次；并借此最大限度地消除病因和获得可持续发展之态势。

1. 日常操作关键点的培训部分

其重点阐述了五大基本动作操作四步法的培训和 10 种猪群 60 余个关键点操作四步法的培训等内容。

2. 设施养猪关键点的培训部分

重点阐述了设施养猪装备的种类及简介和常用十余种工装设施操作四步法的培训等内容。

三、夯实基础关键点的四步法和图例说明

（一）夯实基础关键点操作的四步法

其包括事前准备、事中操作、要点监控和事后分析等四个方面的内容，上述内容的实施不但可使夯实基础的关键点执行落地，而且具有综合素质提高的潜台词。

（1）事前准备。孙子兵法讲有备无患，对于猪场更是如此，而且准备必须是系统的、多方位的，涉及供、产、销、人、财、物等各方面。可以说稍有不慎，必有漏洞和损失。

（2）事中操作。猪场的工作已超出良心操作的范畴，必须爱心操作、信心操作和用心操作。这里不单是技术问题，更主要的是采用承包的方法，首先让员工上心和细心。

（3）要点监控。任何事物都有主要矛盾和矛盾的主要方面。只要我们抓住了这些关键环节，即可事半功倍地完成任务。故此，夯实基础关键点的落地，首先要抓住其内部的主要矛盾和矛盾的主要方面而全力解决之。

（4）事后分析。事后的总结归纳是非常必要的，这是量变升华为质变的必经之路。找出经验，可使其胸有成竹；找出教训，可使其走向成功。这也是四步法的精髓之一。

（二）夯实基础关键点操作的图解说明

包括直观明了、深入浅出、独辟蹊径和锦上添花的内涵，也可以说是本书的创新之处。

（1）直观明了。本书采用现场摄制的近千张图片，可使各关键点实施的有关动作直接显现出来；可使难以到现场实际操作的学子，在参悟四步法文字说明的同时，了解某个现场动作的真谛。

（2）深入浅出。本书采用的现场图片，可以展现出读者难以深入接触到的方方面面。这些图片通过本书的图说载体，可轻易地呈现给读者，这也是本书对社会的一大奉献。

（3）独辟蹊径。将夯实基础一书的70余个关键点的实施内容，用近千幅图片加以辅佐演绎；既加强了四步法的指导作用，又达到了通俗易懂的目的，这也是本书的一大创新。

（4）锦上添花。本书近千幅图片并非无关联的散布存在，而是每页4幅均突出一个主题，与文字四法交相辉映，可谓优势互补，极大地提升了作品用于科普或教材的分量。

四、结尾的话

近40年的现场实践证明，猪场健康养猪的成功，30%靠的是对健康养猪技术规范的掌握，50%靠的是将已掌握的健康养猪技术规范执行到位，而最后的20%靠的是运气。故此，任何人想把健康养猪绝对搞好是不可能的。所以，凡事尽人事，听天命，这才是应有的心态。

总之，本书集编著者和编委会三十余名同仁的实践经验及图片资料，又吸收了几十位专家与学者的专著内涵才得以成书，但愿其成为猪场同行或在校学子毕业实习的参考读物。因阅历和学识有限，漏洞及谬误在所难免，敬请各位老师、同行不吝赐教。

编著者于山东牟平

2017 年 11 月 8 日

↘ 目 录

上篇　在软硬件的系统建设上夯实基础

下篇　在多面手的人才培训上夯实基础

上篇

在软硬件的系统建设上夯实基础

内容提要

本篇主要探讨猪场企业在步入规范化生命周期时，在生物安全系统和工程防疫系统等方面应具备的软硬件基础条件，并借此最大限度地消除病因和获得可持续发展之态势。

知识链接

"猪场的核心竞争力"

猪场投资方高层必须清楚的知道：虽然猪场（公司）的所有能力都对其的存在产生贡献，但是只有核心竞争力才能为猪场创造可持续发展的竞争优势。

现代规模化猪场的核心竞争力是指猪场的管理者们要具有和谐的人际能力、宏观的概念能力和微观的技术能力等实力，并通过六位一体程序的有机整合和执行，给各种猪群创造一个优质、高产、健康、环保的内外环境，进而消除疫病混感、环境污染和肉食品不安全等三大难题，达到健康养猪和可持续发展的目的。

（一）猪场管理者们的三种能力

1. 和谐的人际能力

其是指处理有关人事管理的能力。现代养猪业不是创业初期靠个人英雄主义即可达到的，而是靠和谐、高效的团队运作方可实现预定目标。这就需要各级管理者具有观察人、理解人、培养人、激励人、使用人、留住人，并与其和谐共事的能力。

2. 宏观的概念能力

其是指综观全局，认清为什么和怎样经营管理猪场的能力。其包括：满意的经营战略、成功的企业再造、共盈的合作体系、可控的成本管理、安全的生物系统、防疫的工程设施和先进的现场管理等方面的能力，这个能力对猪场高层管理者尤为重要。

3. 微观的技术能力

其是指掌握和使用畜牧兽医等领域有关技术和方法的能力。其包括现代的生产管理、科学的饲养管理、合理的营养供应，优良的繁育体系、适宜的内外环境、有效的免疫接种、重大疫情的防制和一般疫情的防制等方面的能力。

猪场的管理者们在行使管理职责时，要分别扮演高层管理者、中层管理者和低层管理者三种角色。在上述三种能力中，人际和谐能力对三种角色的管理者同等重要，但依次从基层管理者、中层管理者到高层管理者，其所需的微观技术能力越来越少，而所需的宏观概念能力越来越多。

（二）采用"六位一体"程序，提高三种能力子系统的执行力

程序是指制订处理未来活动必需方法的计划，其功能是详细列出完成某种活动切实可行的方法。

在提高猪场管理者们三种能力子系统执行力的程序上，可采用普遍认可的"部门确定岗位说明、规章制度、管理工具、工作流程、执行方案"等六位一体的强化执行程序法（简称六位一体程序），以达到猪场管理者们三种能力执行到位的目的。

1. 提高三种能力子系统执行力的纲要性表格设计

三种能力子系统六位一体强化执行程序一览表

系统 ＼ 程序	部门确定	岗位说明	规章制度	管理工具	工作流程	执行方案
人际和谐能力系统（仅以人力资源管理为例）						
①战略规划子系统						
②招聘录用子系统						
③教育培训子系统						
④绩效考评子系统						
⑤酬薪福利子系统						
⑥激励沟通子系统						
⑦职业设计子系统						
⑧管理诊断子系统						
宏观概念能力系统						
①经营战略子系统						
②企业再造子系统						
③合作经营子系统						
④成本控制子系统						
⑤生物安全子系统						
⑥工程防疫子系统						
⑦现场管理子系统						
微现技术能力系统						
①生产管理子系统						
②饲养管理子系统						
③品种繁育子系统						
④环境控制子系统						
⑤营养供应子系统						
⑥免疫接种子系统						
⑦重大疫情防制子系统						
⑧一般疫情防制子系统						

2. 附注说明

（1）提高三种能力子系统执行力的纲要性表格设计，共有138个执行关键点的内容需要落实，必须全部完成方能达到猪场（企业）所需要的核心竞争力档次。

（2）由于猪场处于一个动态的环境中，其138个执行关键点的内容也处在变化过程中，故除认真落实外，尚须根据变化的情况加以不断的修正。

（三）做好健康养猪关键点操作四步法的基础工作

实践证明，能将三种能力子系统诸多关键点内容执行到位的具体方法，即是以"事前准备、事中操作、要点监控和事后分析"为内容的四步法。而能否顺利执行四步法的关键还在于是否做好了如下八项基础工作。

1. 端正员工态度

态度决定一切，态度决定员工的行动，态度决定员工执行到位的意识。

2. 完善工作责任

要建立一流的责任制，不能推卸执行中的过错，不能有一丝的敷衍。

3. 进行有效沟通

与上级沟通，贵在勤、细、诚；与下级沟通，用下级能接受的方式进行。

4. 相互积极配合

要积极融入团队，群体行为需要互相配合，服从是应有的素质。

5. 有效执行流程

流程要落到人头上，要有目标和计划，要分清轻重缓急的执行流程。

6. 积极主动工作

接到指令立即工作，一分钟也不要拖延，要日事日毕、日清日高。

7. 要从小事抓起

天下大事，必做于细；细节到位，才能执行到位。

8. 树立结果心态

要一切以结果为导向，以结果论英雄，做追求结果的员工。

总之，抓好上述基础工作，可使健康养猪关键点操作四步法的执行得以到位，也即猪场管理者们的三种能力子系统的执行得以到位。猪场企业也具有了可持续发展的核心竞争力。

因篇幅有限，本上篇只能将猪场企业应具备的核心竞争力中的生物安全子系统和工程防疫子系统部分内容进行简述，其它内容详见有关论述。

第一章

健全生物安全工艺系统

内容提要

其包括实施全进全出工艺、限制媒介传播工艺、执行免疫接种工艺、实行五个检测工艺、实施 5S 管理工艺和严格引进猪隔离适应工艺等内容。

第一节 实施全进全出工艺

一、知识链接

"猪场实施全进全出工艺的可行性"

（一）全进全出工艺的意义

集约化猪场实施全进全出工艺，可以有效地进行彻底清洗、消毒，进而达到消灭传染源、切断传播途径的目的；给新进猪群提供一个相对健康无疫的外部环境。

（二）实例演示

以万头猪场的产房为例，一般每周有26 头左右的妊娠母猪在产前 7 天进入产房；那么 26 头母猪的产房面积就可以形成一个单元隔断舍。如果哺乳期为 21 天，清洗、维修、消毒为 7 天，备用期为 7 天，接纳产前母猪为 7 天，合计为 42 天；共需 6 个单元隔断舍即可完成年度哺乳母猪单元式全进

落实生物安全制度

产房执行全进全出的高压清洗

车辆进场前的喷雾消毒

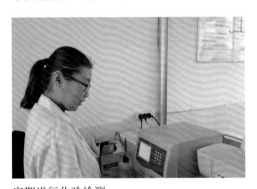

定期进行化验检测

严格引进猪的隔离饲养

全出工艺的实施过程。如果其他猪群也按此办理，即可达到全场实施单元隔断舍式全进全出工艺的目标。

二、实施全进全出工艺的四步法

（一）事前准备

（1）确定饲养阶段。

（2）确定生产节拍。

（3）确定工艺参数。

（4）确定各类猪群周转组数。

（5）确定各类猪群存栏数。

（6）确定各类猪群的组数与每组头数。

（7）计算猪场各种栏圈需求量。

（8）流水式生产工艺流程方式的采用。

（二）事中操作

1.确定饲养阶段

（1）猪场按照猪的生产发育阶段或生产目的而划分为若干饲养阶段，每个饲养阶段里饲养同一发育周期或同一生产目的的猪群；经过一段特定时间后调入下一阶段去饲养，由此形成了连续不断的流水式生产。

（2）由于某一目的，同一阶段可能饲养两类猪群，如空怀配种间饲养试情公猪和待配母猪，而哺乳母猪和哺乳仔猪的不可分特性，也必须将两种猪共养在一起。

2.确定生产节拍

（1）一个饲养阶段向下一个饲养阶段调动猪群，需要按统一的时间间隔进行，这一间隔即为生产节拍。我国年产1万~3万头商品猪的场家多采用7天为一个生产节拍。

（2）7天一个生产节拍，就意味着每周有一定数量母猪下产床参加新一轮配种，每周有一定数量的母猪上产床待产，每周有一定数量的哺乳仔猪转入保育舍，每周有一定

执行7天一个生产节拍

每周有一定的母猪下产床

每周有一定的母猪上产床

每周有一定的仔猪断奶

每周有一定的保育猪转育肥

数量的保育猪转入育成育肥舍，每周有一定数量的育肥猪出栏上市，每周有一定数量的各类空闲猪舍进行清洗、维修、消毒等区别分明的生产节奏。

3. 确定工艺参数

一般外三元商品猪场的工艺参数

序号	项目	参数
1	妊娠期（天）	114
2	哺乳期（天）	21~28
3	保育期（天）	42~49
4	断奶至受孕（天）	14~21
5	繁殖周期（天）	163
6	母猪年产胎次（窝）	2.24
7	母猪窝产仔数（头）	11
8	母猪窝产活仔数（头）	10
9	哺乳仔猪成活率（%）	90
10	保育仔猪成活率（%）	95
11	育成猪成活率（%）	97
12	育肥猪成活率（%）	99
13	公、母猪年更新率（%）	33
14	母猪情期受胎率（%）	85
15	妊娠母猪分娩率（%）	95
16	公、母比例（人工授精）	1：60
17	空舍冲洗、消毒、维修（天）	7
18	生产节拍（天）	7
19	母猪临产前进产房（天）	7
20	母猪配后保胎期（天）	35

4. 确定各类猪群的周转组

（1）生产中，要把各类猪群分成若干组，不同猪以组为单位，由一个饲养阶段转入下一个饲养阶段。这种按节拍调动猪群的基本单位叫周转组。

（2）当生产节拍为7天时，各类猪群周转组的数目正好是这个饲养阶段的饲养周数。生长猪群各周转组的日龄依次相差1周。

（3）一个生产节拍中，每种猪群都有一

猪群的不同饲养阶段

母猪的妊娠期

母猪的哺乳期

仔猪的保育期

母猪的空怀期

组猪只转入转出本群，各类猪群组数始终保持不变。这种周转组的全进全出保证了生产持续有效进行。

（4）生产工艺流程图。

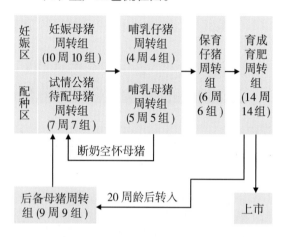

注：上述生产工艺流程图中，提示出五种猪舍，其中配种妊娠舍中分为配种区和妊娠区，饲养试情公猪、待配空怀母猪、妊娠母猪；产仔哺乳舍饲养哺乳仔猪、哺乳母猪；保育舍中饲养保育仔猪，育成育肥舍饲养20周龄前的后备母猪、育成猪和育肥猪；后备母猪舍中饲养29周龄前的后备母猪。

5. 计算各类猪群的存栏猪数量

现仍以出栏万头商品猪的猪场为例，根据工艺参数计算场内各类猪群数量。

（1）年需成年母猪总在栏数。

$$\frac{计划年度商品猪出栏数 \times 繁殖周期}{365 天 \times 窝产活仔数 \times 各阶段成活率}$$

$$=\frac{10000 \times 163}{365 \times 10 \times 0.9 \times 0.95 \times 0.98}=533$$

（2）成年空怀及妊娠前期母猪在栏数。

$$\frac{成年母猪数 \times 年产胎次 \times 饲养天数}{365}$$

$$=\frac{533 \times 2.24 \times (14+35)}{365}=160$$

执行生产工艺流程的猪群（1）

试情公猪

空怀母猪

妊娠母猪

哺乳母猪

（3）成年妊娠中、后期母猪在栏数。

$$\frac{成年母猪总数 \times 年产胎次 \times 饲养天数}{365}$$

$$=\frac{533 \times 2.24 \times (114-35-7)}{365}=236$$

（4）成年哺乳母猪在栏数。

$$\frac{成年母猪总数 \times 年产胎次 \times 饲养天数}{365}$$

$$=\frac{533 \times 2.24 \times (7+35)}{365}=137$$

（5）后备母猪在栏数。

年成年母猪在栏数 × 年更新率 =533 × 33% =176（头）

（6）成年公猪在栏数（人工授精）。

成年母猪在栏数 × 公母比例 =533 × 1/60=8.88 ≈ 9 头

（7）后备公猪在栏数。

成年公猪在栏数 × 年更新率

=9 头 × 30% =2.97 头 ≈ 3 头

（8）哺乳仔猪在栏数（0~28）。

$$\frac{\begin{array}{c}成年母猪总数 \times 年产胎次 \times 产活仔数\\ \times 成活率 \times 饲养天数\end{array}}{365}$$

$$=\frac{533 \times 2.24 \times 10 \times 0.9 \times 28}{365}=825$$

（9）保育仔猪在栏数（29~70）。

$$\frac{\begin{array}{c}成年母猪总数 \times 年产胎次 \times 产活仔数\\ \times 各段成活率 \times 饲养天数\end{array}}{365}$$

$$=\frac{533 \times 2.24 \times 10 \times 0.9 \times 0.95 \times 42}{365}=1175$$

（10）育成育肥猪在栏数（71~168）。

$$\frac{\begin{array}{c}成年母猪总数 \times 年产胎次 \times 产活仔数\\ \times 各段成活率 \times 饲养天数\end{array}}{365}$$

$$=\frac{533 \times 2.24 \times 10 \times 0.9 \times 0.95 \times 0.98 \times 98}{365}=2686$$

执行生产工艺流程的猪群（2）

哺乳仔猪

保育仔猪

育成猪

后备母猪

注：

① 本计算方法中，采用的年产 2.24 窝这个工艺参数，是近年来大多数猪场普遍感染母猪繁殖障碍病所致。

② 在空怀母猪舍设置个体限位栏，不仅有利于空怀母猪的配种，还有利于保胎。故妊娠前期（0~35 天）一般也安排在此舍内。

6. 计算各类猪群的周转猪数和每组头数一览表

猪别 \ 项目	饲养日	生产节拍	周转组数	每组头数	总头数	实际误差
成年公猪	365		1	9	9	0
后备公猪	182		1	3	3	0
后备母猪	63	7	9	20	180	+4
空怀与妊前期	49	7	7	23	161	+1
妊娠中、后期	72	7	10	24	240	+4
哺乳母猪	42	7	6	23	138	+1
哺乳仔猪	28	7	4	206	824	−1
保育仔猪	42	7	196	1176	+1	
保育仔猪	42	7	6	196	1176	+1
育成育肥猪	98	7	14	192	2688	+2
全群合计					5419	+12

7. 万头猪场各种猪群栏圈需求量

猪别 \ 项目	饲养日	消毒日	备用日	合计	组数	组内猪数	总计猪数	所需栏圈
成年公猪	365	7		365	1	9	9	10
后备公猪	182	7		182	1	3	3	4
后备母猪	63	7		70	10	20	200	50 a
空怀母猪	14	7	14	35	5	23	115	29 b
妊前期母猪	35	7	7	49	7	23	161	161 c
妊中后期母猪	72	7	12	91	13	24	312	312 d
哺乳母猪	35	7	14	56	8	23	184	184
保育仔猪	42	7	7	56	8	147	1176	64 e
育成育肥猪	98	7	14	119	17	158	2686	164 f

执行生产工艺流程的各种猪舍

后备母猪舍

空怀母猪舍

妊娠母猪的限位栏舍

哺乳母猪舍

注：

a. 后备母猪 4 头一栏，半限位饲喂。

b. 空怀母猪 4 头一栏，半限位饲喂。

c. 妊娠前期母猪单体限位栏饲养。

d. 妊娠中、后期母猪个体散养。

e. 保育仔猪液体饲喂，大栏饲养。

f. 育成育肥猪散养，大栏饲养。

8. 确定流水式生产工艺的方式

猪场由于规模、设备和饲养阶段划分的不同，其全进全出生产工艺的方式也有差异。

（1）四阶段饲养 3 次转群的方式。

详见第 8 页生产工艺流程图，略。

（2）五阶段饲养 4 次转群的方式。

其与四阶段饲养 3 次转群方式的不同之处是把育成育肥阶段分为育成阶段和育肥阶段。其优点是最大限度地满足其生产发育所需的不同要求，充分发挥生长潜力，提高了猪场的经济效益。其缺点是增加了一次转群负担和应激刺激。

（3）六阶段饲养 5 次转群的方式。

其与五阶段饲养 4 次转群方式的不同之处，就是把空怀母猪和妊娠母猪分成空怀、妊娠前期和妊娠中后期分舍单独组群。其优点是：可使断奶母猪复膘均匀迅速，发情快，便于发情鉴定与配种，并适于妊娠中后期的体况恢复，减少蹄腿病的发生，缩短产程和提高产仔成活率。其缺点是增加了一次转群劳动和应激刺激。

（三）要点监控

1. 实事求是地确定好工艺参数

实施各类猪群周转组全进全出工艺，其主要工作是根据本场猪群的品种特点、生产能力、技术水平、保障条件、历年生产记录和兄弟场家信息资料等，实事求是地确定生

四阶段三转群的各种猪舍

空怀、妊娠母猪舍

哺乳母猪舍

保育仔猪舍

育成育肥猪舍

产工艺参数。

2. 留有余地地准备好各种栏圈

全进全出制流水式生产工艺能否顺利实施，主要取决于各种猪群栏圈数的充足保障；防止因某些因素导致个别猪群栏圈不足而影响生产工艺的正常运行或生产周转的停摆。

3. 从组织管理上保障全进全出工艺的正常进行

第一是抓好各种猪只转群的计划管理，第二是抓好猪群周转的各项准备工作，第三是抓好会战的组织、协调工作，第四是抓好转、运、接三方的衔接工作。

4. 从劳动管理上保障全进全出工艺的正常进行

现场每个班组每周都要转出和转入一个周转组猪群，对此，要分配专人负责抗应激、抗感染、四点固定、逐步变料、空舍清洗、维修、消毒等工作，这些都是班组内部的正常劳动管理内容。

（四）事后分析

（1）全进全出工艺是现场切断疫病传播途径的有效措施。

（2）猪场实行周转组全进全出工艺，可有效实行彻底的消毒。

（3）周转组全进全出工艺的正常运转，取决于生产参数的准确性。

（4）周转组全进全出制的正常运转，取决于各类猪群栏圈的充足。

（5）周转组全进全出制的正常运转，取决于有效的会战组织与劳动管理。

实施全进全出工艺的要点

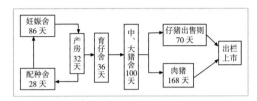

要实事求是地确定生产工艺参数

要有足够的栏圈

要做好会战的组织工作

要做好劳动的管理工作

各种猪群年度 7 次全进全出的实施

产房的全进全出

附：猪场全进全出生产方式之一

母猪群体定时集中输精技术的实施

一、知识链接

"母猪群体定时集中输精的概念与意义"

近几年来，各大猪场正在悄然进行母猪群体集中输精的试验与推广，现将其概念和意义做一介绍。

（一）概念

其是利用生物技术，人为控制并调整母猪群体发情周期的进程，使之在预定的时间内集中发情、排卵和配种。

后备舍的全进全出

（二）意义

1. 提高了母猪的年产胎次

由于每个繁殖周期可控制在 150 天，故年产胎次可确保 2.43 窝这个指标。

2. 提高了同日龄仔猪的供应能力

按国内集约化猪场平均生产能力计算，年度 480 头母猪可提供一万头保育仔猪。

3. 各种猪舍年度可彻底消毒 7 次

猪场采用 50 天为一个生产节拍进行全进全出的操作，彻底消毒降低了病原体的存在量。

保育舍的全进全出

4. 年度淘汰低产母猪达 40% 以上

主动淘汰与加大选择力度，增强了母猪群体的抗病力和繁殖性能。

5. 工艺创新促进猪场可持续发展

母猪群体集中定时输精是猪场配怀板块的一大创新技术，必将提升企业的核心竞争力。

放养猪的全进全出

二、母猪群体定时集中输精技术实施的四步法

（一）事前准备

（1）母猪定时输精技术的准备。

（2）母猪群体调控操作的准备。

（3）各类猪舍的准备。

（4）公猪精液的准备。

（5）生物药品的准备。

（二）事中操作

1. 母猪定时输精流程的制定

（1）后备母猪定时输精流程。

① 始喂烯丙孕素 18 天。

② 停喂 42h 后注射血促。

③ 注射血促 80h 后注射生源。

④ 注射生源 24h 后第一次输精。

⑤ 首配 16h 后第二次输精。

（2）经产母猪定时输精流程。

① 经产母猪群体定时输精调控时的流程，详见 2、（6）范例一览表，略。

② 经产母猪群体定时输精调控后的流程。

a. 断奶 24h 后注射血促。

b. 注射血促 72h 后注射生源。

c. 注射生源 24h 后第一次输精。

d. 首配 16h 后第二次输精。

2. 母猪群体调控的操作

（以 240 头经产母猪为例）

（1）采用 50 天为一个生产节拍。

年度为 7 个批次，如 1.1，2.19，4.10，5.30，7.19，9.7，10.27 为 80 头群体定时输精日（以 2017 年度为例）。

（2）后备母猪的输精。

在上述 7 个 80 头群体定时输精日时，要提供 240 ~ 270 日龄、已生物调控完成的

集中配种精液的准备

采精操作

精液检测

精液稀释

精液保存

后备母猪 12 头进行定时输精。

（3）经产母猪的输精。

在上述 7 个 80 头群体定时输精日时，要提供 68 头已生物调控完成的经产母猪进行定时输精。

（4）每个生产节拍的母猪配种头数。

每个生产节拍的配种头数为 80 头，其在妊娠舍饲养到配后 100 天，然后蹬产床饲养。

（5）每个生产节拍所产保育仔猪头数。

80 头配种母猪可确保 68 头母猪产仔，每头按 90%×95% 的成活率，每个节拍可确保 30 斤保育仔猪数为 600 头。

（6）经产母猪群体定时输精调控时的操作范例（仅供参考）。

母猪群体生物调控的操作

饲喂烯丙孕素

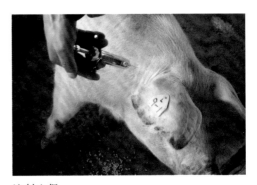

注射血促

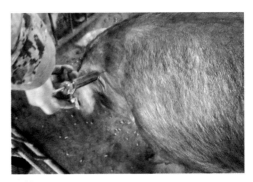

注射生源

精液中加入缩宫素

预产日期月日	断奶日期月日	下次发情月日	使用烯丙孕素			注射血促时间	注射生源时间	间隔24h首配	间隔16h二配
			开始时间	结束时间	使用时间				
10.8	11.2	11.7	12.8 16时	12.26 16时	18天	12.28 10时	12.31 18时	1.1 18时	1.2 10时
10.13	11.7	11.12	12.8 16时	12.26 16时	18天	12.28 10时	12.31 18时	1.1 18时	1.2 10时
10.18	11.12	11.17	12.11 16时	12.26 16时	15天	12.28 10时	12.31 18时	1.1 18时	1.2 10时
10.23	11.17	11.22	12.17 16时	12.26 16时	10天	12.28 10时	12.31 18时	1.1 18时	1.2 10时
10.28	11.22	11.27	12.8 16时	12.26 16时	18天	12.28 10时	12.31 18时	1.1 18时	1.2 10时
11.2	11.27	12.2	12.11 16时	12.26 16时	15天	12.28 10时	12.31 18时	1.1 18时	1.2 10时
11.7	12.2	12.7	12.17 16时	12.26 16时	10天	12.28 10时	12.31 18时	1.1 18时	1.2 10时
11.12	12.7		不喂药		0天	12.28 10时	12.31 18时	1.1 18时	1.2 10时
11.17	12.17		12.19 16时	12.26 16时	8天	12.28 10时	12.31 18时	1.1 18时	1.2 10时
11.22	12.17		12.18 16时	12.26 16时	9天	12.28 10时	12.31 18时	1.1 18时	1.2 10时

注：

① 范例是指 1 月 1 日第一个生产节拍中每 5 天中 1 天的调控情况，而其余 4 天也要参照此范例列表执行。

② 母猪发情后 7 日内为排卵期，发情结束后第 9 ~ 15 天开始进入黄体期，使用烯丙孕素抑制发情，应选在这期间内进行最为稳妥。故要观察和记录每头母猪的发情。

③ 停止使用烯丙孕素后，间隔 42h 注射血促，然后间隔 80h 后注射生源，再后间隔 24h 全体母猪第一次输精，首配后间隔 16h 后第 2 次全体输精。

④ 执行 1.1 配种 50 天一个生产节拍后尚须设计与执行 2.19 配种和 4.10 配种两个母猪群体调控方案。待 3 个生产节拍都执行后即可进入简便的调控后的工艺流程中。

3. 猪舍配套的操作

（以 240 头基础母猪场，执行 50 天一个生产节拍为例）

（1）产房一栋，产床 70 个。

每批 80 头配种，其产仔率为 85%，则每个节拍有 68 头母猪同时产仔。

（2）妊娠舍 3 栋，每栋 80 个栏位。

限位栏 3 栋，每栋有 80 个体限位栏。或者用群养半限饲栏 3 栋，各 20×4 头配套。

（3）后备母猪舍 1 栋，内分五个隔断舍。

每个隔断舍饲养 16 头后备母猪，为 50 天一个生产节拍，供应 12 头生物调控后的后备母猪。

（4）保育仔猪舍 1 栋，有 700 个栏位。

每 50 天一个生产节拍，一次饲养断奶仔猪 700 头，饲养 30 天后一次性出栏。

（5）公猪舍 1 栋。

① 如供应社会商品精液，可饲养种公

母猪群体生物调控的药物

烯丙孕素

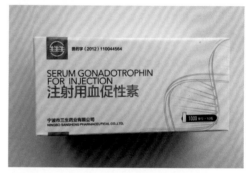

血促

生源

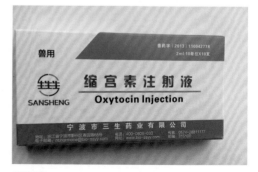

缩宫素

猪12头，可满足场内外集中配种的需求。

② 如为集团公司供应精液，猪场仅饲养2 ~ 3头催情、查情公猪即可。

4.生物药品供应的操作

（1）要选择正规、质优、价格适中的生物药品厂家供货。

（2）要选择烯丙孕素、血促、生源等生物药品，用于集中发情配种工作。

（三）要点监控

1.母猪群体定时输精的要点

（1）输精时间必须严格执行。

在使用群体定时输精程序时，大部分母猪在注射生源前都有发情表现；注射生源后24h，大部分母猪都有静立反应。对发情不明显和静立反应不明显者，同样严格执行输精时间。

（2）配种次数的变通。

少部分母猪在注射生源前会出现静立反应，对此，可在注射生源前进行一次输精。肌注生源20h后和40h后再进行第二次和第三次配种。

（3）精液中可加入缩宫素。

配种时，在每份精液中加入10单位的缩宫素，更有利于增加窝产仔数。

2.经产母猪初次调控时的要点

（1）一个繁殖周期分为三个生产节拍。

① 将一个繁殖周期定为150天，其中包括：空怀配种7天、妊娠期114天、哺乳期22天、备用期7天。

② 第一个生产节拍。其包括：空怀配种期7天和妊娠前期43天，计50天。

③ 第二个生产节拍。其包括：妊娠中期和乳腺发育期，即配后44天至配后93天，计50天。

母猪群体定时输精的操作

配种前转入个体限位栏

输精前的清洗

输精前的消毒

定时输精的操作

④ 第三个生产节拍。其包括：产前重胎期 21 天、产后哺乳期 22 天和备用期（消毒）7 天，计 50 天。

⑤ 每个经产母猪都处于 150 天的繁殖周期内，故此，每个母猪将在上述三个生产节拍之一进行调控。

（2）每个生产节拍调控需前推 30 天。

经产母猪的繁殖周期为各生产阶段时间的总和，因其前一个哺乳期和发情排卵期的 30 天也需计入调控期，故此调控一个 50 天的生产节拍要加上 30 天，个别母猪也需在此期开始计算调控的具体时间。

（3）在黄体期用烯丙孕素进行调控。

烯丙孕素的作用机理为抑制发情，须在母猪发情周期的黄体期使用。故此，每头母猪均要按此要求选定始喂期，而且以观察并记录了发情表现为准。

3. 猪舍配套设置的要点

（1）产房配套设置的要点。

母猪在产房饲养日期控制在 43 天，4 天为消毒维修时间，即可保证产房有 3 天处于清洁卫生和可运作状态。

（2）妊娠舍配套设置的要点。

其要保证三栋 80 个母猪设施的配置，即可确保一栋妊娠舍处于清洁卫生和空舍可运作状态。

（3）保育仔猪舍配套设置的要点。

保育仔猪舍要确保一栋 700 头仔猪的栏位，并将饲养期控制在 30 ~ 40 天，即可使其有 10 天处于清洁卫生和可运作状态。

（4）后备母猪舍配套设置的要点。

将一栋后备母猪舍如火车软卧间一样隔断为 5 个舍，每个舍饲养不同节拍的后备

提高了种猪场的繁殖成绩

年产胎次 2.433 窝

平均窝产 11 头

成批次饲养同日龄哺乳仔猪

成批次饲养同日龄保育仔猪

猪，则必有一个舍处于清洁卫生和空舍可运作状态。

4. 生物调控药品使用的要点

（1）后备母猪。

① 烯丙孕素每天饲喂剂量为 20mg。

② 血促注射剂量为 1000 单位。

③ 生源注射剂量为 100mg。

（2）初次调控的经产母猪。

上述药品使用剂量与后备母猪相同。

（3）已调控后的母猪再次调控。

上述药品使用剂量与后备母猪相同，只是使用时间有差异。

（四）事后分析

1. 创新带来活力

（1）消毒彻底，病原体存在量下降。

按 50 天将一个繁殖周期分成三个生产节拍，猪场每个猪舍年度带来 7 次彻底消毒，则各种病原体的存在量必将下降。

（2）猪舍及时维修，优化了栖息环境。

各种猪舍每年 7 次的维修机会，必将带来物理、化学、生物性栖息环境的改善，其从保障的角度提升了猪群的抗病力。

（3）无效猪及时淘汰，提升了抗病力。

每次定时集中配种，因机体因素所致不孕的母猪必然遭致淘汰，这样就起到了提高猪群质量和抗病力的作用。

2. 适应放养需求，推动事业发展

（1）母猪群体集中配种，可带来全进全出、彻底消毒和提高繁殖成绩的效果。

（2）母猪群体集中配种，可使同日龄仔猪群体供应轻易实现，推动了养猪业的发展。

提高了放养户的生产成绩

成批次饲养同日龄育成猪

同日龄便于保健管理

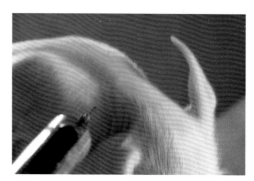
同日龄便于免疫接种

同日龄生产成绩好

限制媒介传播的前四项

第二节 限制媒介传播工艺

一、知识链接

"限制媒介传播工艺的意义"

疫病流行的三大环节为传染源、传播途径和易感动物，而传播媒介是传播途径的主要内容。能有效地将限制媒介传播工艺落实到位，即可有效地切断传播途径，进而控制猪场疫病的传播。

限制人员的媒介传播

二、限制媒介传播工艺的四步法

（一）事前准备

1.要明确通过媒介传播的种类

（1）人员：服装、鞋、手等。

（2）动物：鼠、猫、狗、蚊蝇等。

（3）车辆：外来车辆及场内车辆。

（4）外来物品：饲料袋、垫料等。

（5）空气：舍内外空气中的气溶胶。

（6）注射用具：注射针头等。

（7）外科工具：去势刀等。

（8）工具：锹、扫帚、钳子等。

2.要明确切断媒介传播的方法

略。

限制动物的媒介传播

（二）事中操作

1.限制人员媒介传播

（1）猪场员工进入生产区，须经生产区淋浴间洗澡（住场的员工进时可不洗澡），换穿场内工作服、水靴、隔离帽后，方可进入生产区。

（2）因事外出返场的员工及外来人员必须及时将所穿衣服、鞋、帽进行清洗、消毒；

限制车辆的媒介传播

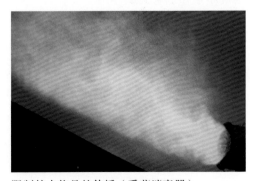

限制外来物品的传播（熏蒸消毒器）

并经过48h隔离和消毒洗澡后，换上场内工作服、水靴和隔离帽，方可进入生产区。

2. 限制动物、昆虫类媒介传播

（1）灭鼠。鼠是多种传染病的传播媒介和传染源，特别是伪狂犬病毒的携带者。故此，要定期和不定期地进行灭鼠工作，将鼠的数量降至最低。

（2）场内严禁养狗、养猫。猪场要改变用狗打更的习惯，将生产区、生产管理区、生活区的狗猫彻底清除掉。

（3）防止蚊蝇叮咬。

蚊蝇是猪场疫病的重要媒介，要在夏天采用沙窗防止蚊蝇进舍，同时要用高效低毒的菊酯类杀虫剂进行驱杀。

3. 限制车辆类媒介传播

（1）场内车辆。

各区或各舍要配备各种专用车辆，要坚持专车专区的规定，不得串用；特别是清粪车更不允许它用。

（2）场外车辆。

进场前要彻底清洗干净，经严格消毒后方可入场；大型猪场可设立车辆熏蒸间，在严格熏蒸消毒后方可入场。

4. 限制外来物品类媒介传播

可进入猪场的物品有很多种，但与猪群直接接触的物品主要为饲料、垫料和工具类；对饲料、垫料和工具的消毒，最好的办法是熏蒸消毒。故此，猪场设置密封的熏蒸消毒间是必要的。

5. 限制空气气溶胶媒介传播

（1）要一天两次清除舍内粪便，尽量减少由粪便发酵产生的不良气体。

（2）要及时通风换气，尽量减少氨气、二氧化碳等不良气体在气溶胶内的含量。

（3）要定期地对舍内空气环境进行净

限制媒介传播的后四项

限制气溶胶的媒介传播

限制注射用具的媒介传播

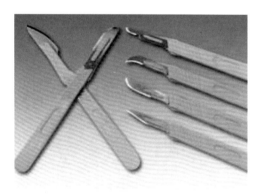

限制外科手术的媒介传播

限制工具的媒介传播

化，如带猪喷雾消毒、臭氧空气消毒等净化处理，尽量减少气溶胶内病原体的含量。

6. 限制注射用具等物品的媒介传播

（1）对注射用具的清洗消毒，要落实到专人负责，要与绩效工资挂钩，以确保使用时的清洁无菌。

（2）健康猪群的免疫，可一窝更换一次针头；疑似病猪，必须一针一头进行注射，而且是安排在大群注射后进行。

7. 限制工具类的媒介传播

（1）各舍常用工具如铁锹、扫帚、钳子等工具，均要按需求给予配齐，并对其实行限额使用，节约归己的承包办法，从经济手段上达到舍内工具不串用的目的。

（2）如各舍车辆、工具出现串用的现象，串用方及所有方均要给予处罚，并在当月工资中进行扣除，以彻底杜绝此类现象发生。

（三）要点监控

1. 要健全限制媒介传播的制度

对人员、动物、昆虫、车辆、物品、空气、用具等媒介传播途径的限制，要制定严格的规章制度和奖惩执法标准，以达到有法可依。

2. 要完善限制媒介传播的设施

有许多产生媒介传播的漏洞，是由于缺乏相对应的消毒限制设施造成的。如限制人员媒介传播的洗澡间、消毒间、消毒池没有设立等。故此，要完善相对应的设施才能做到有法可控。

3. 要兑现限制媒介传播的奖惩

对不按照限制媒介传播制度采用相应设施进行消毒处理者，要按规定进行处罚；对积极限制媒介传播，确有突出贡献者要给予奖励，而且要张榜公布，给予兑现，做到说话算数。

限制媒介传播的设施（1）

要有进场消毒的更衣室

要有清洗用的洗衣机

要有太阳能热水器

要有彻底消毒的熏蒸间

（四）事后分析

1. 要抓好限制媒介传播设施的具体落实

（1）要备有进入生产区的更衣室，并备有生产区内外的不同服装和鞋帽待换。

（2）要备有清洗、消毒服装的洗衣机及免费使用的洗衣粉、消毒剂等物品。

（3）要备有一年四季均可用的太阳能洗淋间，供进场人员洗浴与清洁卫生。

（4）要备有进入生产区内的熏蒸消毒间，特别是车辆及物品的熏蒸间更为重要。

（5）要备有固定和可移动的高压清洗机，用于全场不同部位的清洗消毒工作。

（6）要备有各舍专用的臭氧发生器，以利于空舍的消毒和各类猪舍的带猪消毒。

（7）要备有机械清粪设备，在减轻劳动强度的同时减少舍内的有害气体。

（8）要完善各类猪群全进全出硬件圈舍的建设，为切断传播途径提供有利条件。

2. 要确保限制媒介传播制度的执行到位

（1）要抓好限制媒介传播制度的制定工作，确保有关部门及人员有法可依。

（2）要把限制媒介传播制度的执行落实到相关部门及人头上，做到有人管事。

（3）要有监督执法人员执法的奖惩制度，使限制媒介传播制度的执行成为常态。

（4）要有限制媒介传播制度的衡量工具，使其奖惩条例的落实做到按数据说话。

（5）要有限制媒介传播制度执行的流程与方案，要达到每日必做的程度。

限制媒介传播的设施（2）

要有可移动的高压清洗机

要有喷雾消毒发生器

要有机械清粪设施

各类栏圈要足够

推广 5S 管理的部分要点

要通过培训提高认识

第三节 实施 5S 管理工艺

一、知识链接

"实施 5S 管理的意义"

猪场实施 5S 管理工艺，是预防疫病发生的重要措施；其整理、整顿、清扫、清洁、素养等 5S 管理内容的实施，必将在猪场员工管理的内容上、素质上、综合效果上发生质的提升和飞跃。

二、实施 5S 管理工艺的四步法

（一）事前准备

（1）要办班培训。

通过培训提高全体员工的思想认识，了解开展 5S 管理活动的意义和目的。

（2）要建立场、区、班三级推行机构。

要落实权力和义务，使三级领导有职、有责、有权地开展此项工作。

要建立三级推广结构

要有适当的目标和步骤

（3）要有明确的目标和步骤。

要让员工都明白各自的目标和总体目标，并且知道达到目标的具体步骤。

（4）要将内容落实到每名员工头上。

要明确每名员工的具体位置、工作内容、检查标准、奖惩办法等。

（5）要定期评比。

场、区、班三级领导要定期组织检查评比工作，并在月底根据结果进行上榜公布和奖惩兑现。

（二）事中操作

1. 整理

其是指对猪场现场的各类物品进行彻底

要将目标分解落实到每个人头上

的清理，如每周大扫除时，将可移动的物品全部清除出去，然后按使用频率，分别拣回放在库房、猪舍或其他指定或适宜的地方。

2. 整顿

其是指对整理后留下的物品进行科学合理的布置和摆放，要有固定的位置，不能乱堆乱放，不需花时间寻找，随手可以拿到；且摆放要规范化，要整齐美观，要便于清点，要便于放回等。

3. 清扫

其是指每天或周五对生产现场的设备、库房、圈栏、过道等处进行彻底打扫，要求分工明确、自己动手、包干清扫；要对水、电、料、通风、环保设施等进行检查与保养，以保持其随时可安全使用的状态。

4. 清洁

其是指对经过整理、整顿、清扫后的生产现场进行清洗和消毒工作，达到猪舍整洁、物品干净、空气清新、着装整齐、环境宜人等标准，而且还要求上述状态的持之以恒和不变差、不退步。

5. 素养

其是指员工经过整理、整顿、清扫、清洁活动后要达到的一个思想境界，逐步形成一种良好的工作习惯和行为规范，成为在工作时或日常生活时，不需督促、不需检查、不用思考的条件反射行为。

（三）要点监控

1. 首先要提高全体员工的思想认识

要通过培训学习，了解 5S 管理活动的目的意义，在全体员工中形成我要做的良性心态。

2. 猪场内部设立三级推广机构

要设立场、区、班三级推广机构，在场部统一领导下，迅速形成有职、有责、有权

5S 管理在非生产区的落实

整理办公室

整顿库房

清扫分担区

清洁厨房

狠抓落实的行动氛围。

3. 要有明确的目标和步骤

要与场内原有的卫生检查同步，但从目标设置上有本质的区别；通过在步骤的实施过程中，使员工在素养上得到提高。

4. 要将每名员工的责任明确化

分工明确，可消除岗位不明、责任不清的现象出现；可有利于落实标准和月底的总结评比及奖惩兑现。

5. 三级领导要参与检查评比

班长要进行每日检查评比，区长要组织每周五的检查评比，场长要组织每月底的检查评比，以此推进活动的开展。

6. 检查结果上墙与月底兑现

各区每周结果要上墙，全场每月检查评比结果要上墙，并要按检查结果给予奖励与惩罚。

（四）事后分析

1. 要理清开展 5S 管理的意义

从清洁卫生上减少猪场疫病的发生，并从员工素质上提升生活质量。

2. 要做好开展 5S 管理的准备

组织上，实行场、区、班三级推动。领导上，落实到每名领导头上。

3. 要明确 5S 管理的操作流程

明确整理、整顿、清扫、清洁内涵。要不断总结，找出最佳工作方法。

4. 要将每名员工的责任明确化

要设定每名员工的责任内容。要求每名员工将责任内容执行到位。

5. 要定期进行检查评比

三级领导进行定期检查评比，要将检查结果上榜公布。

6. 要奖惩兑现，要形成氛围

在每月月底进行奖惩兑现，要形成自觉进行 5S 管理的氛围。

5S 管理在生产区的落实

保育舍的清洁卫生

育成舍的清洁卫生

育肥舍的清洁卫生

妊娠舍的清洁卫生

第四节　实施免疫接种工艺

一、知识链接

"现代猪场免疫接种要点简介"

其主要体现在如下 5 个方面。

1. 全群普免与跟胎免疫相结合

全群免疫主要是指经产母猪与种公猪执行全群普免，而仔猪、后备猪按日龄执行各自的跟胎免疫。

2. 基础性免疫与季节性免疫相结合

基础性免疫是指猪瘟、伪狂犬、圆环、口蹄疫、蓝耳这五大特定病的免疫，而季节性免疫是指乙脑、病毒性腹泻的免疫。

3. 基础性免疫的一、五、九

一般讲，每年的一月、五月、九月为基础性免疫的重点月份；一是其躲过了炎热季节，二是此季节猪病很少，适于免疫。

4. 全群普免的一、二、三、四

一般讲，乙脑、细小一年一次，圆环和病毒性腹泻一年二次，猪瘟、伪狂犬、圆环、蓝耳、口蹄疫一年三次或四次不等。

5. 人工主动免疫与自然感染相结合

猪场除了做好上述特定病的免疫以外，还要自然感染很多没有疫苗的疫病，人为的自然感染对后备猪尤其重要。

二、实施免疫接种工艺的四步法

（一）事前准备

（1）适合本猪场免疫程序的准备。

（2）适合本猪场疫苗产品的准备。

（3）适合本猪场免疫方法的准备。

（4）现场会战与抗体检测的准备。

免疫接种的准备

1、哺乳仔猪免疫程序（仅供参考）		
日龄	疫苗名称	免疫方法
1	伪狂犬基因缺失苗	鼻腔喷雾1头份
5	支原体活疫苗	鼻腔喷雾1头份
10	圆环病毒灭活苗	肌注 2ml
15	蓝耳经典活疫苗	肌注 1 头份
23	猪瘟高效细胞苗	肌注 1 头份

免疫程序的准备

1. 用前检查：封口、名称、批号、有效期、容量和使用方法、疫苗色泽等物理性状应与说明书相符。

2. 定期检查疫苗保存条件：通常有2~8℃和-20℃，保存冰箱内放置数显温度计，及时关注温度变化；冷藏保存的疫苗，时刻注意靠近冰箱内侧疫苗有无冻结现象。

疫苗产品的准备

保定方法的准备

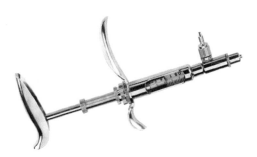

免疫工具的准备

免疫接种的操作（1）

（二）事中操作

做好猪场的免疫接种工作，需抓住以下10个关键点的执行到位。

1. 技术培训

（1）培训人选。

主要为现场各班组长骨干人员。

（2）培训内容。

①免疫接种程序的编制。

②疫苗产品简介。

③疫苗的稀释与现场免疫操作。

④疫苗的保存、运输。

⑤疫苗产品质量外观检查。

⑥免疫前的消毒处理。

⑦免疫前的小群免疫试验。

⑧解除免疫抑制及应激反应的措施。

2. 试验先行

（1）试验先行的必要性。

免疫接种是对猪体给毒的过程，未用过的疫苗必须要做小群试验，待小群安全无恙后方可用于大群，以避免产生不必要的损失。

（2）紧急预防接种要先做小群试验。

对于突发疫病并初步确诊的猪群，也要先做小群试验；待准确诊断结果出来后，小群试验结果也安全无恙，此时大群紧急免疫接种则更为稳妥。

3. 消毒处理

（1）消毒的时间与意义。

①在免疫前后24h进行2次消毒。

②其可避免猪群在免疫空白期发病。

（2）消毒的操作。

①舍外清毒主要选择生石灰、火碱等消毒药。

②舍内消毒主要选戊二乙醛、过氧乙酸等消毒药或臭氧发生器等进行消毒。

疫苗质量的外观检查

多面手人员进行疫苗稀释

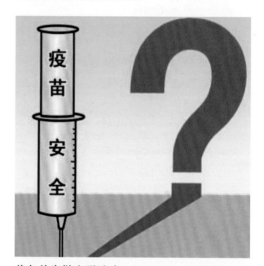

普免前先做小群试验

现场的免疫操作

4. 苗、水把关

（1）疫苗的把关。

对疫苗产品要认真检查其外包装、瓶塞、内容物、出厂日期、有效期及生产厂家等内容，严禁使用不合格产品。

（2）对稀释液的把关。

对稀释疫苗的用水，首选专用稀释液，其次为注射用水。

5. 先非后特

（1）其是指先提高非特异性免疫力，然后再提高特异性免疫力，其是面对免疫抑制个体的有效措施。

（2）具体做法是：先将猪群分为健康群、亚健康群和病猪个体，对健康群仅饲喂提高免疫力的药物即可；对亚健康群要饲喂提高免疫力和抗感染药物；对病猪个体则要在使用上述药物的同时注射对症治疗性的药物。当上述药物发挥作用后，再实行猪群的免疫接种。

6. 组织会战

在组织过程中，要注意以下 5 点。

（1）要编制全员参与猪场免疫接种会战的规章制度。

（2）猪场的免疫会战时间必须在上午的 8—11 时完成为宜。

（3）在免疫接种会战的猪舍，会战时不能再出现第二种应激原。

（4）免疫接种会战时，领导要带头参加，并留有机动人员用于支援。

（5）对全员参与的会战，猪场食堂在午餐时一定要有加菜作为犒劳。

7. 分类把关

免疫接种主要有 4 个操作环节，要分别选派合适的人选进行把关。

（1）稀释弱毒疫苗及灭活苗升温均由兽

免疫接种的操作（2）

滴鼻免疫的操作

注射免疫的操作

保定猪只的操作

缓解免疫应激的用药

医或防疫员具体负责。

（2）注射或滴鼻的操作，一般由班组长等多面手人员来进行。

（3）保定猪只的工作，一般由参加会战的员工来进行。

（4）缓解猪群免疫应激的工作内容，一般由本舍饲养员来完成。

8.绩效管理

（1）多面手人员的绩效管理。

对参加会战的多面手人才，要结合免疫效果的优劣，给予规定数额的奖励，以鼓励其免疫工作的积极性。

（2）多面手人员的技术补贴。

要抓好兽医、防疫员、各班组长等员工的免疫技术培训，对合格者给予技术补贴待遇，以提高其积极性。

9.减少应激

免疫过程就是应激过程，对此要采取如下措施来缓解应激。

（1）猪舍的免疫接种会战要控制在3h之内，以利猪群机体有能力接受这种短期应激。

（2）免疫会战舍内的饲养员不参加免疫会战，专门照顾猪群，并在饮水、饲料中添加抗应激药物，以缓解应激反应。

（3）免疫会战猪舍要杜绝冷、热、有害气体、去势、变料及各种病原体感染等应激重叠性损伤，尽量减轻应激刺激。

10.密切观察

免疫接种过程的观察分为前、中、后三阶段，现分别介绍如下。

（1）免疫前的密切观察。

其是为带猪消毒及猪只分群防疫处理等工作找出行动依据。

（2）免疫中的密切观察。

免疫接种的操作（3）

免疫接种前的观察

免疫接种时的观察

清除过敏反应的用药

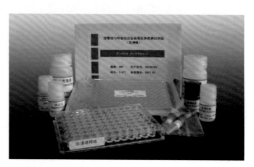

免疫1月后的抗体检查

其是为了减轻应激反应并拿出免疫后的处理措施及相关方案。

（3）免疫后的密切观察。

其主要是防免疫过敏和抗体检测结果观察，特别是后者对猪场更为重要。

（三）要点监控

猪场免疫接种工作的重点是编制出适合本场应用的免疫程序，现将有关要点介绍如下。

1. 了解外部疫情

（1）了解猪场及本地区刚发生的疫情。

因此疫病尚有可能未编入免疫程序中，须马上编入并采取紧急接种的方式进行补救。

（2）此疫情几年前就已发生过。

此病早已编入免疫程序，但免疫效果不佳，这就需要在免疫失败的诸多因素上找答案了。

2. 了解抗体滴度

（1）猪场要建立快速定性化验室。

免疫金标抗体监测既可用于定性诊断，也可用于了解猪群的定性抗体滴度，故要建立以其为主的简易、快速的化验室。

（2）根据抗体滴度进行综合分析。

根据抗体监测结果，对环境、疫苗、猪群及其他因素进行综合分析，就会拿出适合本场的免疫程序。

3. 确定免疫空间及优先免疫次序

（1）确定五种猪群的免疫空间。

对仔猪、后备、妊娠、哺乳、种公猪等猪群，必须确定适于免疫的时间段。

（2）确定特定病的优先免疫次序。

在5种猪群的免疫空间中首先要以病毒病优先，细菌病次之。

4. 消除免疫副反应

（1）要消除疫苗因素。

编制免疫程序要点（1）

了解猪场外部疫情

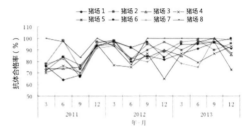

了解场内猪群抗体滴度

2、保育仔猪免疫程序（仅供参考）		
日龄	疫苗名称	免疫方法
35	伪狂犬基因缺失苗	肌注 1.5 头份
42	圆环病毒灭活苗	肌注 2ml
49	蓝耳经典活疫苗	肌注 1 头份
60	猪瘟高效细胞苗	肌注 1 头份
67	口蹄疫 AO 型灭活苗	肌注 2ml

确定免疫接种项目

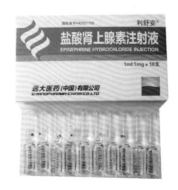

消除免疫副反应

①严防疫苗被外源病原体污染。

②严防灭活苗灭活不全。

③严防免疫途径与免疫对象的改变。

（2）要消除非疫苗因素。

①母源抗体的干扰。

②免疫空白期所致。

③免疫抑制或应激重叠所致。

5. 解除免疫抑制

（1）消除舍内冷、热应激刺激。

（2）消除舍内不良气体的刺激。

（3）解决营养供应不足的问题。

（4）严防霉菌毒素所致中毒的问题。

（5）解决猪群密度大的问题。

（6）解决圆环、蓝耳病毒感染的问题。

（7）解决上述因素的重叠性刺激。

6. 选择好疫苗产品

（1）疫苗血清型与野毒血清型要一致。

（2）选择无毒副作用的现代疫苗。

（3）没用过的疫苗要先做小群试验。

（4）疫苗要与日龄和免疫途径相符。

（5）疫苗产品外观检查要合格。

（6）中等毒力苗慎用。

（7）不规范厂家灭活苗绝对不用。

7. 选择好免疫方法

（1）跟胎免疫的优缺点。

此法更符合猪只个体的生理状态，但大群猪只的免疫抗体参差不齐，易发生散发性的特定病。

（2）全群普免的优缺点。

此法可使猪只大群抗体均匀，但对围产期和保胎期母猪的应激大，易出现不良反应。

8. 选择好免疫间隔时间

（1）不同疫苗的免疫间隔时间。

一般以5天为宜，蓝耳病以10天为宜。

（2）相同疫苗的免疫间隔时间。

编制免疫程序要点（2）

选择好免疫产品

选择好免疫工具

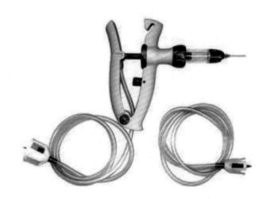

选择好免疫剂量

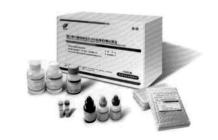

选择好抗体检查方法

① 一般首免和二免间隔以 20 天为宜。

② 二免和三免间隔 4 个月为宜。

9. 选择好免疫剂量

（1）按厂家说明确定免疫剂量。

（2）按说明留有余地。

① 首次免疫为说明书的 1.2 倍。

② 加强免疫为首次免疫的 1.3 倍。

（3）按猪只适当调整。

① 哺乳仔猪 1.2 头份或按规定量。

② 哺乳母猪 3 头份或按规定量。

③ 后备母猪 2 头份或按规定量。

10. 做好抗体检测工作

（1）抗体检测的意义。

① 可及时了解每种疫苗的质量。

② 可及时了解每次免疫的效果。

③ 用检测结果指导免疫程序调整。

④ 用检测结果修正免疫剂量。

⑤ 用检测结果确定购买何种疫苗。

⑥ 用检测结果确定免疫间隔时间。

（2）建立快速定性兽医化验室。

① 用免疫金标法进行血清学检测。

② 用显微镜检法进行形态学检测。

③ 用细菌培养法进行药物敏感性检测。

（四）事后分析

1. 根据猪场疫情，调整免疫程序

在修正免疫程序时要考虑如下要点。

（1）本地区疫病流行情况。

（2）本场猪群的种类、用途。

（3）本场猪群的日龄、体况。

（4）本场的饲养水平、猪群状态。

（5）本场的环境条件，等等。

2. 猪场免疫的四个结合

（1）免疫调整与周边疫情相结合。

① 免疫程序不是一成不变的。

修正免疫程序要考虑的要点

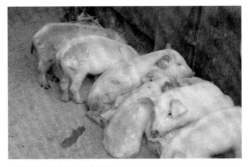

要考虑疫病流行情况

要考虑场内猪群体况

要考虑猪群的种类与用途

要考虑猪场的环境条件

② 要密切注视周边疫情。

③ 要定期检测重点疫病的抗体水平。

④ 要根据疫情调整免疫程序。

⑤ 要有效执行调整后的免疫程序。

（2）特异性免疫与一般性免疫相结合。

① 要了解猪群的一般性免疫力。

② 从营养和环控上提高一般免疫力。

③ 免疫前投喂提高一般免疫力药物。

④ 认真做好特定病的免疫接种。

⑤ 根据监测结果采取对应措施。

（3）免疫接种与自然感染相结合。

① 免疫接种只针对某些特定病。

② 大部分疫病尚没有合格的疫苗。

③ 有些病经自然感染会产生免疫力。

④ 引进猪的同化就是自然感染。

⑤ 产仔前的反饲也是自然感染。

（4）全群普免与跟胎免疫相结合。

① 全群普免。

经产母猪与种公猪执行全群普免的免疫方式，做好年度1次（细小、乙脑）、年度2次（圈环、腹泻三联）、年度3次或4次（猪瘟、伪狂犬、蓝耳病、口蹄疫）等疫病的普免。

② 跟胎免疫。

仔猪与后备猪群执行跟胎免疫的免疫方式，其主要是生长育肥猪特定病的首免、二免接种和后备种猪以繁殖障碍病等为主的系统性免疫接种。

③ 全群普免与跟胎免疫结合加上同化、反饲等操作，形成了猪场完整的人工主动免疫接种方式。

猪场免疫的四个结合

免疫调整要和周边的疫情相结合

特异性免疫要和一般性免疫相结合

人工免疫要和自然感染相结合

妊娠母猪		
产前 40~45 日龄	大肠杆菌疫苗	
产前 30 日龄	伪狂犬疫苗	
产前 20~25 日龄	猪传染性胃肠炎—腹泻二联苗	秋冬季
产前 15~20 日龄	大肠杆菌疫苗	

全群普免要和跟胎免疫相结合

修正免疫程序要考虑的要点

几无临床症状的母猪群体

附：对蓝耳病免疫的新认识

（一）不要盲目迷信基因序列分析

在中国的蓝耳病主要是感染美州型PRRSV 所引起的。PRRSV 容易变异，现在已经发现有 1000 多个变异毒株。

所有变异毒株之间只是在基因序列上仅有少数几个点位存在差异，而绝大多数序列是一致的；即病毒的大多数抗原决定簇并没有改变。理论和实践均证明了其间的交叉免疫保护仍然很强。

实验证明："选用与本猪场流行毒株一致的疫苗进行免疫"的说法和做法是无意义的。

几无临床症状的仔猪群体

（二）蓝耳病田间野毒毒力存在差异

当猪群感染毒力低的野毒时，除抗原阳性、抗体阳性或抗原抗体双阳性外，临床不见其它异常表现，生产性能也无异常。当猪群感染毒力较强的野毒时，其临床症状表现明显，猪群生产成绩也受到严重的影响。

（三）蓝耳病疫苗的残余毒力存在差异

蓝耳病活疫苗有残余毒力强弱之分，残余毒力强的活疫苗产生免疫效果快，但副作用也大。残余毒力弱的活疫苗产生免疫效果较慢，但副作用也小。

个别患病仔猪有呼吸道症状

（四）猪抗蓝耳病主要依靠细胞免疫力

猪感染蓝耳病毒或免疫接种会引起 T 细胞介导 PRRSV 特异性淋巴组织增生反应，并且能持续 9 ~ 14 周，由此可知，猪机体

个别病死仔猪有副猪病变

抗 PRRSV 感染主要依靠细胞免疫力。

研究证明：在免疫佐剂的协同下，免疫残余毒力弱的 PRRS 活疫苗可刺激机体快速产生坚强的细胞免疫力，可为机体提供坚强的免疫保护。

（五）蓝耳病免疫效果四宫图

通过上述分析，现代蓝耳病免疫可出现四种结果，详见图示。

疫苗毒力 / 野毒	野毒毒力较强	野毒毒力较弱
残余毒力强	虽有免疫负反应，但能终止疫情扩散，效果令人满意	免疫前生产正常，无症状。免疫后出现临床症状和生产损失
残余毒力弱	虽然免疫副反应很小，但疫情控制速度慢，效果不令人满意	免疫前后均没出现副反应，佐剂加残余毒力低的活疫苗效果令人满意

注：研究证明，高效防控蓝耳病，就是选用辅以佐剂的残留毒力低的 PRRS 活疫苗科学地进行免疫，如免疫前后在饲料中加入紫椎菊或补中益气散等制剂则效果更佳。

（六）免疫程序与小群试验

1. 免疫程序

（1）紧急免疫接种。

母猪间隔 3 周免疫两次，以后一年四次普免，每次 1 头份；仔猪也是间隔 3 周免疫两次。与其它免疫间隔 10 天为宜。

（2）日常免疫接种。

母猪一年 4 次，每次 1 头份。

2. 小群试验

蓝耳病的大群免疫前一定要做小群试验，待小群安全无羔后，大群方可进行。

低致病力蓝耳病免疫前的处理

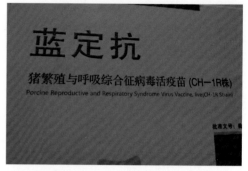

选用残余毒力低的蓝耳病活疫苗

大群免疫前先做小群试验

用紫椎菊制剂提升细胞免疫力

用免疫佐剂提升细胞免疫力

病原体的检测

仔猪球虫的检测

第五节 实施五个监测工艺

一、知识链接

"猪场化验室的五测工作法"

化验室的检测分析内容不单单是病原体、抗体的检测内容，还应包括饲料、饮水检测内容与环境控制检测内容，以及精液品质检测和种猪健康检测等内容。

通过上述检测工作的开展，满足猪场未病先防的要求；这才是猪场生产经营过程中对化验室的真正需求。这也是猪场化验室五测工作法应运而生的理由。

二、实施五个监测工艺的四步法

（一）事前准备

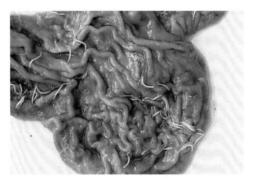

体内寄生虫的检测

1.病原体、抗体检测的准备

（1）猪场显微镜检的准备。

① 仔猪球虫病镜检的准备。

② 体内外寄生虫病镜检的准备。

③ 附红细胞体镜检的准备。

（2）猪场抗体检测的准备。

① 猪瘟抗体检测的准备。

② 伪狂犬病抗体检测的准备。

③ 圆环病抗体检测的准备。

④ 蓝耳病抗体检测的准备。

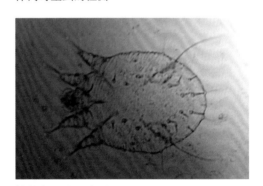

体外寄生虫的检测

2.饲料、饮水检测的准备

（1）饲料中微生物和毒素的检测准备。

① 细菌总数检查的准备。

② 大肠杆菌数检查的准备。

③ 沙门氏菌数检查的准备。

④ 霉菌总数检查的准备。

⑤ 玉米赤霉烯酮检测的准备。

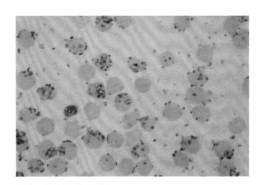

附红细胞体的检测

⑥ 呕吐毒素检测的准备等。

（2）饮水中常规微生物监测的准备。

① 细菌总数检查的准备。

② 大肠杆菌数检查的准备。

3. 环控与环境微生物学监测的准备

（1）环控检测的准备。

① 猪舍温度、湿度检测的准备。

② 舍内有害气体检测的准备。

③ 光照、通风检测的准备。

④ 消毒液及消毒效果检测的准备。

（2）猪场微生物学检测的准备。

① 猪舍空气微生物学检测的准备。

② 饲槽表面微生物学检测的准备。

③ 饮水器表面微生物学检测的准备。

④ 消毒液微生物学检测的准备。

注：精液品质检查及种猪健康检查另行介绍，略。

（二）事中操作

1. 病料的采集与送检

（1）病料的采集。

① 宏观病理学检测时，要采集整个尸体；采集部分脏器对诊断无实际意义。

② 微观组织学检测时，对病理组织材料要用10%的福尔马林液固定，液体要10倍于病料，容器以广口瓶为宜。

③ 对于哺乳仔猪的死亡，不但要采集整个尸体，还要采集其母亲的血液进行抗体检测辅助诊断。

④ 对于母猪繁殖障碍病的病料采集，宜采集母猪血液进行病原及抗体检测。一般用一次性注射器采集即可。

⑤ 对于仔猪腹泻病料的采集，可用一次性注射器吸取 1mL 稀便，用于显微镜的湿片检查。

猪场特定病抗体的检测

猪瘟抗体的检测

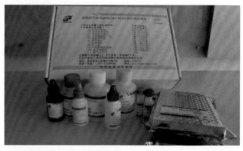

伪狂犬病抗体的检测

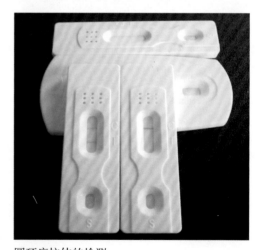

圆环病抗体的检测

蓝耳病抗体的检测

（2）病料的送检。

① 可将 50kg 以下的病死猪放入塑料袋中送检，大猪采集全部内脏病料送检。

② 母猪的血液病料采集后，夏季放入冷藏箱中送检。其他季节可常温送检。

③ 仔猪的稀粪病料，可用一次性注射器采集稀便，用塑料袋包裹送检。

④ 送检材料应有说明，包括送检单位、地址、品种、日龄、病料种类、数量、死亡日期、送检日期、检验目的、送检人电话及临床症状摘要等。

2.饲料、饮水样品的采集与送检

（1）饲料样品的采集与送检。

① 每批要抽取 10 个有代表性的样品。

② 每个原始样品要有 100g。

③ 10 个样品要布点均匀，要有代表性。

④ 取样前不得翻动和混合饲料。

注：涉及饲料质量纠纷时的要点如下。

① 省级饲料检测中心为法定单位。

② 纠纷双方与省检测中心共同参与。

③ 样品三方认可，省检测中心封存。

④ 省饲料检测中心的检测结果具有法律效力。

（2）饮水的采集与送检。

① 舍内水罐、水塔中水样采集前要用酒精火焰对水龙头进行清毒，并放水 2 分钟，然后用灭菌的玻瓶接取。

② 井水、河水、池水的水样采集，要用灭菌后的塑料管虹吸水面下 15cm 处的水样进行采集与送检。

③ 上述水样，如进行细菌学检查，则要在 2h 以内进行检测；否则要放入 4℃冰箱内保存后，在 4h 之内进行检查。

3.环控及微生物学检测样本的采集与送检

（1）环控样本的采集与送检。

饲料的检测

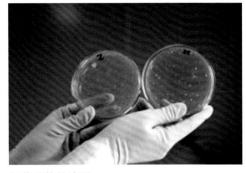

细菌总数的检测

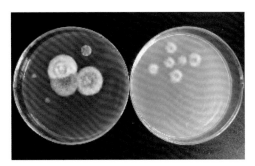

霉菌总数的检测

玉米赤霉烯酮的检测

呕吐毒素的检测

① 猪舍温度、湿度的检测。

此项目在猪舍内进行，取校正好的温度计、湿度计，取舍内四角及中心五点的温度与湿度数值（要取 10cm 高、100cm 高两个高度的数值）。

② 猪舍内有害气体的检测。

此项目主要包括氨气、硫化氢等，现场采用嗅觉适宜度来评价；如特殊需要则到环境控制中心，取专用设施进行现场检测，采取所需数据。

③ 猪舍光照与通风的检测。

一般为视觉检测，正常视力在舍内能准确辩认出报纸的字迹，即为 10 勒克司的亮度。而通风则要结合嗅觉、温度、湿度及通风强度的最佳组合来评估；如有必要，则需要通风强度检测仪来检测。

（2）猪场微生物学样本的采集与送检。

① 猪舍空气微生物学的检测，一般采用四级法，即将 5 个乳糖琼脂平板开盖均匀放置被测处的水平地面上，空气暴露 3 分钟，收回平板盖上，送检。

② 空舍消毒后，舍内物体表面微生物学的检测，即将灭菌后的规板扣在灭菌前后的物体表面上，按相关技术要求采集样本，无菌保存，及时送检。

（3）消毒液及消毒效果样本的采集与送检。

① 取厂家认定尚未开启的消毒剂原瓶送检；进行最低杀菌浓度、腐蚀性、对皮肤刺激项目试验。

② 在消毒后的区域，按技术要求取消毒前后的五点灭菌棉拭子，采集后分别无菌保存，及时送检。

（4）消毒液在使用时的微生物学检测。

对猪场大门及猪舍入口处消毒池、洗手消毒盆的消毒液进行检测时，每个监测对象

饮水的检测

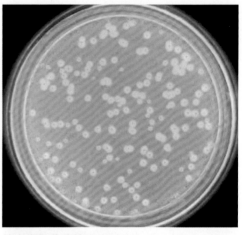

饮水中细菌总数的检测

饮水中大肠杆菌数的检测

饮水设施的选择

采样后 2h 内检测

取 3~5 个样品，无菌保存，及时送检。

（三）要点监控

1. 要做好简便实用的病料检测工作

（1）选用检测形态特性的显微镜技术。

其主要用于仔猪腹泻病因的定性检测，特别是湿片三目显微镜检定性法更能满足猪场快速、简便的生产需求。

（2）选用检测抗原特性的血清学技术。

现代血清学技术已发展到标记抗体检测阶段，特别是免疫金标记抗体检测对猪场繁殖障碍病的定性诊断更为适用。

2. 抓好饲料、饮水的检测工作

（1）要重点抓好饲料霉菌毒素的检测。

猪场不稳定的三大因素之一，就是饲料霉菌毒素超标。对此，免疫金标霉菌毒素检测卡是最适合猪场使用的。

（2）要抓好饮水中大肠杆菌含量的检测。

饮水中大肠杆菌数是重要的微生物学指标。对此，要定期不定期地采用培养特性法，对饮水进行定性检测。

3. 抓好环控和微生物学的检测工作

（1）抓好现代猪场环控的检测工作。

地暖供热、喷雾降温、粪沟通风、臭氧消毒等现代环控技术的应用，已成为猪场环控的主要工作内容，对其检测的工作必须要认真做好。

（2）抓好猪场微生物学的检测工作。

随着猪场周转组全进全出工艺流程的展开，验证其消毒质量的微生物学检测，也势必提到重要议事日程上来。

（四）事后分析

1. 猪场化验室应设立的化验项目

猪场化验室开展的检测分析项目，其主

环境控制的检测

温度的检测

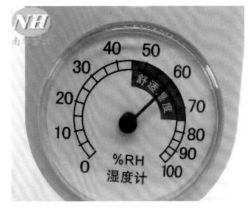
湿度的检测

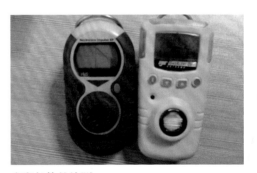
有害气体的检测

通风强度的检测

要包括：病原体和抗体检测内容、饲料和饮水检测内容、环境控制检测内容、精液品质检测和种猪健康检测等内容，也即定性五测项目。

2.开展猪场级定性五测的意义

（1）病原体及抗体检测的意义。

① 其是最廉价的猪场保护措施，通过病原体监测，指导主要疫病的免疫接种，指导消毒及预防用药等措施的执行。

② 通过抗体检测，了解已免疫的特定病抗体情况，了解未免疫某些病的野毒抗体情况，用以指导猪场防制工作的开展。

（2）饲料与饮水检测的意义。

① 在饲料霉菌毒素普遍存在的今天，及时有效地通过霉菌毒素检测来阻止猪群的慢性中毒，对其健康具有重要意义。

② 通过定期的饮水化验检测，来保障猪群的饮水安全具有重要意义，特别是大肠杆菌数的检测更为重要。

（3）环控与猪场微生物学检测的意义。

① 因已经存在各种病原体的猪群，其栖息环境的优劣，决定猪群是否发病。对此，环境控制就处在重要的位置上了。

② 猪场微生物学检测的意义在于对外界执行有效隔断，消除和控制猪场内部的疫病感染，这也是既病防变的有效措施。

注：精液品质检测和种猪健康检查检测内详见未病先防篇的论述，略。

猪场微生物学的检测

猪舍空气的检测

消毒剂的检测

消毒效果的检测

消毒液的检测

引进猪的工艺流程（1）

第六节　实施引进猪隔离适应工艺

一、知识链接

"引进新母猪诱发疫病的原理"

一般母猪携带的病原有15种以上，分为两大类：一类是共栖病原，如流感病毒、大肠杆菌等；一类为持续感染类病原，如猪瘟病毒、伪狂犬病毒等。母猪可通过产生上述病原的抗体为仔猪提供免疫保护。

外表健康的新引进母猪，由于与原场老母猪等猪只的抗原与抗体不同；当其突然密切接触后，即可相互之间产生强烈的生物类应激反应；后备母猪正常的生殖生理活动转变为病理性的应激反应，继而导致卵巢处于亚休眠状态，并可在临床上呈现发情不明显或性冷淡症状，严重时可终生不育。

外表健康的新引进母猪，由于与原场老母猪的病原及抗体不同；当其使用老母猪的产房及产床时，可造成新引进母猪所产仔猪接触老母猪的病原；相当于把抵抗力最弱及没有母源抗体保护的仔猪和携带病原体最多的老母猪混养在一起；仔猪肯定要发病，并引起疫情扩散。

如果新引进母猪来源于刚发生强毒感染的猪场，其新引进母猪携带的病原是强毒株，这就容易诱发引种方猪场发生新的疫病。故此，实施引进猪隔离适应工艺是猪场健全生物安全工艺系统的头等大事。

二、实施引进猪隔离适应工艺的四步法

（一）事前准备

（1）引进猪三抗二免的准备。

引进猪的三抗二免

引进猪的有效隔离

引进猪的健康检查

免疫内容	免疫时间	剂量
细小病毒灭活苗	配种前35天	2毫升
	配种前15天	2毫升
猪瘟弱毒疫苗	配种前15天	10倍量
伪狂犬基因缺失苗	配种前30天	2头份
口蹄疫灭活苗	配种前15天	3毫升
蓝耳病灭活苗	配种前10天	4头份
TGE\PED灭活苗	配种前45天	4毫升

引进猪的系统免疫

（2）引进猪有效隔离的准备。

（3）引进猪配前免疫的准备。

（4）引进猪健康检查的准备。

（5）引进猪胃肠扩容的准备。

（6）引进猪催情查情的准备。

（7）引进猪呼吸道同化适应的准备。

（8）引进猪消化道同化适应的准备。

（9）引进猪生殖道同化适应的准备。

（10）引进猪配前补饲的准备。

（11）引进猪产前反饲的准备。

（12）引进猪产前保肝肾用药的准备。

（二）事中操作

1.引进猪三抗二免的操作

（130~140 日龄）

（1）三抗。

① 抗应激可选用多种维生素与黄芪多糖类制剂，以解除引种运输应激。一般是在全天饮水中添加，连用 3 天。

② 抗混感可选用替米考星、磺胺氯达嗪钠、多西环素复方制剂拌料用药，一般紧急用药 3 天为一疗程。

③ 抗体检测要紧急采血化验猪瘟、伪狂犬、圆环、蓝耳的抗体滴度，以达到对特定病预防心中有数的目的。

（2）二免。

① 引种后第 4 天的猪瘟免疫。其既可达到加强免疫的效果，又可起到干扰素诱生剂的作用，用以抵抗病毒性混感。

② 引种后第 9 天的伪狂犬免疫。其既可达到加强免疫的作用，又能达到诱生干扰素抵抗其他病毒病混感的效果。

2.引进猪的有效隔离

（130~180 日龄）

（1）硬件的有效性。

引进猪的工艺流程（2）

引进猪的胃肠扩容

引进猪的呼吸道同化

引进猪的消化道同化

引进猪的生殖道同化

要有后备猪引进的半限位隔离适应舍，要做好空舍的清洗、消毒等净化工作。

（2）软件的有效性。

要有引进猪隔离适应制的规章制度、技术规范及奖惩制度的切实执行。

（3）人员的有效性。

要引进懂猪隔离适应和配怀技术的骨干进舍，并给予多面手人才待遇。

3.引进猪的配前免疫

（150~200日龄）

（1）日龄性易发病的免疫。

后备猪日龄性易发病为细小病毒病，一般要间隔20天连做2次免疫。

（2）季节性易发病的免疫。

是指春季做好乙脑疫苗的免疫，秋冬季节做好病毒性腹泻的免疫。

（3）猪场特定病的免疫。

一般是做好猪瘟、伪狂犬、蓝耳、圆环、口蹄疫等疫病的加强免疫。

4.引进猪的健康检查与用药

（150~170日龄）

（1）引进猪的健康检查。

① 引进猪的抗体检测。

要进行猪瘟、伪狂犬、蓝耳、圆环等疫病的抗体滴度检查。

② 引进猪呼吸、脉膊的检查。

主要是在静态下，观察引进猪的呼吸频率和尾动脉的搏动情况。

③ 引进猪肝酶活性的检查。

主要是肝酶活性各项指标的检查，还要检查红血球上附红细胞体的感染情况，以找出肝胆损伤的原因。

④ 引进猪尿常规的检查。

主要是尿中有机残渣的检查，以确立霉菌毒素中毒的诊断依据。

引进猪的工艺流程（3）

引进猪的催情与查情

引进猪的配前补饲

引进猪的产前反饲

引进猪产前的保肝排毒

（2）引进猪的用药。

① 驱除体内外寄生虫（151~155日龄）。

② 保健用药（157~161日龄）。

③ 保肝解毒用药（163~170日龄）。

5.引进猪的胃肠扩容

（170日龄至配种前）

（1）胃肠扩容物的种类。

要根据当地粗饲料资源，在玉米秸、麦秸、稻草、玉米芯中确定1种。

（2）胃肠扩容物的采食数量。

在后备母猪饲料配方及喂量不变的情况下，一般每头猪每日另加300g左右。

（3）引进猪胃肠扩容实施的掌控标准。

在确保后备母猪配种前背膘厚 P_2=20mm 的前提下，进行调整。

6.引进后备母猪的催情、查情

（171日龄至配种前）

（1）催情的方法。

① 可采用公猪一天两次，每次15分钟的力度，进行异性、外激素催情处理。

② 将4~5头后备母猪饲养在一栏，利用互相爬跨进行催情处理。

③ 必要时，也可将其放到运动场中，进行运动催情处理。

（2）查情的方法。

① 可采用公猪在催情的同时对发情母猪进行查情。

② 对发情母猪，按压后背及抚摸敏感部位判断其发情火候。

7.引进猪的呼吸道同化适应

（180~185日龄）

（1）呼吸道同化适应的时间力度。

① 可在上、下午查情时进行。

② 一般同化适应时间为5天。

（2）呼吸道同化适应的方法。

引进猪管理监控要点（1）

引进后的三抗

引进后的二免

做好有效隔离的准备

做好有效消毒的执行

① 选择待淘汰的老公猪隔栏鼻对鼻地进行呼吸道接触。

② 也可选择待淘汰年长老母猪鼻对鼻地进行呼吸道接触。

（3）呼吸道同化适应的药物保健。

在刚开始的前5天，可使用替米考星、多西环素等复方抗菌药物进行预防性投药，以减弱嗜呼吸道病原的致病力。

8. 引进猪的消化道同化适应

（186~190日龄）

（1）处理。

可在上午催情时，将健康母猪的粪便少许洒布在舍内，让引进猪拱食。

（2）时间。

1天1次，连用5天。

（3）药物保健。

为防止同化适应过度，可选用利高霉素药物进行投药，连用5天。

9. 引进猪的生殖道同化适应

（191~196日龄）

（1）处理。

将健康母猪胎衣与木屑搅拌，然后将木屑洒布在引进猪舍内，让引进猪拱食。

（2）时间。

1天1次，连用5天。

（3）药物保健。

为防止同化过度的现象出现，要投用对症药物，连用5天。

10. 引进后备猪的配前补饲

（214~230日龄）

（1）配前补饲的力度。

为促进后备母猪的卵泡发育，须在配前两周进行补饲处理，饲喂量可增到3.8~4.0kg/d。

（2）配前补饲的质量。

一般补饲的多种维生素含量要增加3

引进猪管理监控要点（2）

编制免疫程序

进行系统免疫

进行健康检查

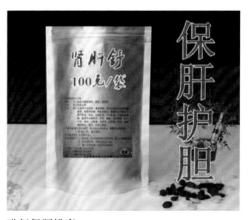

进行保肝排毒

倍，粗蛋白质含量为16%，含硫氨基酸要增加1.3倍，钙为1.5%，硫为1.0%。

11. 引进后备母猪的产前反饲

（1）产前反饲的原因。

由于初产母猪体内共栖菌，特别是大肠杆菌没有经产母猪的多样化；当没有丰富母源抗体保护的新生仔猪接触经产母猪用过的产床时，其必然会感染而发病。故此，给初产母猪在产前反饲老母猪所产仔猪的黄白痢粪便，以形成其同化性的母源抗体供给其后代，借此提高仔猪抗病力。

（2）产前反饲的方法。

一般在产前40天、20天两次反饲经产母猪的仔猪黄白痢粪便，借此形成自家苗首、二免的抗体。

12. 产前的保健用药

（1）产前1个月的驱虫保健。

可选用孕畜可用的复方伊维菌素制剂，连用5天，用于体内外寄生虫的驱杀。

（2）产前25天的抗混感保健。

选择孕畜可用的杀灭附红体、弓形虫及细菌的药物，连用5天为一疗程。

（3）产前20天的保肝解毒。

选择茵栀解毒颗粒和甘草浸膏，连用5~10天，用于保肝解毒。

（4）围产期的保健。

选择鱼腥草、头孢、阿莫西林、宫炎净等制剂，用于母猪产前产后的保健。

（三）要点监控

1. 三抗二免的要点

（1）三抗。

其重点是通过抗应激或抗混感来提高抗病力和降低致病力。

引进猪管理监控要点（3）

准备好胃肠扩容的粗饲料

粗饲料原料要求无霉败

呼吸道同化结合催情进行

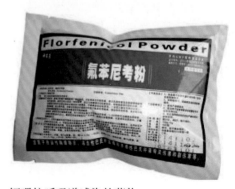

饲喂抗呼吸道感染的药物

（2）二免。

其重点是通过免疫接种诱生自身干扰素及特异性抗体来抵抗混感疫病的发生。

2. 有效隔离的要点

（1）夯实有效隔离的基础。

要在猪舍硬件、管理软件及多面手人才等方面夯实有效隔离的基础。

（2）完成有效隔离的日程及操作。

要隔离观察 7 周，以待潜伏期疫病充分表现；同时还要完成封锁、消毒任务。

3. 配前免疫的要点

（1）消除免疫失败的四因素。

要在疫苗产品、猪只机体、免疫方法及其他方面等消除免疫失败的可能。

（2）做好后备猪的系统免疫。

因后备母猪是繁殖障碍病的信号猪，故此，系统的免疫接种必须做好。

4. 健康检查与用药的要点

这里的关键是慢性霉菌毒素中毒和血虫病对机体损伤程度的检查，并给予及时有效的治疗性用药。

5. 胃肠扩容的要点

这是现代版母猪必须要解决的一个环节，因第一胎对青年母猪的压力最大。故此，做好产前的胃肠扩容工作，才能提高哺乳期的采食量，进而为完成哺乳任务奠定基础。

6. 催情查情的要点

这里的重点是催情，特别是外引后备母猪更容易受到各种应激刺激而导致的病理性应激损伤。故此，实施抗应激、促发情的药物调控为上策。

7. 三大系统同化的要点

呼吸系统、消化系统、生殖系统进行同化的过程，是个逐步适应的过程；以期通过逐步的和足够时间的自然感染过程，达到新

引进猪管理监控要点（4）

消化道同化采用老母猪的粪便

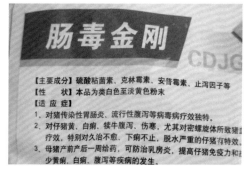
同时饲喂抗消化道感染的药物

生殖道同化可选用正常胎衣

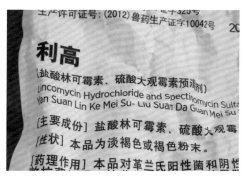
同时饲喂抗生殖道感染的药物

老猪群具有相同的共栖病原与抗体的目的。

8. 配前补饲的要点

后备母猪配前补饲料的饲料配方和加工制作并不是难题，但仅给部分猪只调制少量的特制料，对猪场饲料供应部门却是个难题。所以，用育成料另加磷酸氢钙和复合维生素来替代是个简便易行的办法。

9. 产前反饲的要点

初产母猪产前 40 天和 20 天 2 次饲喂经产母猪所产仔猪黄白痢粪便的目的，就是进行自家苗接种，让其后代吃到与老场仔猪相同抗体的初乳。故此，反饲前后忌用抗菌药物。

10. 围产期保健的要点

（1）产前一周的药物保健。

其涉及保肝解毒的用药，其涉及促进乳腺发育的用药，其涉及抑杀无乳性链球菌的用药，等等。

（2）产后一周的药物保健。

其涉及子宫恢复与净化的用药，其涉及舒肝通乳的用药，其涉及产后清血杀菌的用药等。

（四）事后分析

对外引猪实行隔离适应工艺，主要是抓好防强毒株感染、防繁殖障碍病发生和提高初产母猪抗病力三大要点。现分别总结如下。

1. 严防强毒株感染

如供种方猪场患有烈性传染病，则外引后备猪很容易隐性带毒或处于潜伏期。对此，引种后的三抗二免和严格隔离就成了重要的手段。

2. 严防繁殖障碍病的发生

主要是做好三件工作。

引进猪管理监控要点（5）

170 日龄后的催情

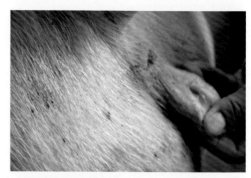

190 日龄后的查情

210 日龄 7 成膘的维持

230 日龄 7.5 成膘的补饲

（1）系统免疫。

主要是做好细小、乙脑、口蹄疫、猪瘟、伪狂犬、蓝耳、圆环等疫病的免疫工作。

（2）逐步适应。

主要是做好呼吸道、消化道、生殖道等系统逐步感染的适应同化工作。

（3）催情查情。

主要是因场制宜地采用公猪、运动、药物等方法进行催情查情工作。

3. 提高初产母猪的抗病能力

由于共栖病原及持续感染性病原的混感存在，要想避免初产母猪的感染发生，只能在提高其抗病力上做文章。

（1）夯实产前抗病力的基础。

① 健康检查与用药。

② 胃肠扩容与背膘控制。

③ 配前补饲与适时配种。

④ 产前反饲与驱虫保健。

⑤ 产房环控与人员培训。

（2）夯实产后抗病力的基础。

① 产后保健的重点为生殖系统的健康。

② 产后日粮供给为逐步加量。

③ 泌乳高峰期要尽量多喂。

④ 环境控制以适宜为妥。

⑤ 膘情控制为 7 成膘以上。

引进猪管理监控要点（6）

引进猪产前 40 天的反饲

引进猪产前 20 天的反饲

保肝药物之一"甘草颗粒"

保肝药物之二"VB 粉"

一为不与农业争地的荒山坡

第二章
完善工程防疫工艺系统

内容提要

1. 猪场场址的选定
2. 规划布局的选定
3. 各类猪舍的选定
4. 舍内设施的选定
5. 卫生消毒设施的选定
6. 粪肥资源化设施的选定

二为最新规划的适养区

第一节　猪场场址的选定

一、知识链接

"猪场场址选定的四条标准"

现代规模化猪场场址选定的标准有四，其一是要选择不与农业争地且租价低廉的荒坡地或山坡地；其二是要选择位于省、市、地区最新规划的适养区内；其三是要实施种养结合的循环经济，猪场周围要有消纳粪肥的足够种植面积；其四是传统的地形地势要达标，水源水质要合格和社会条件要良好等。

三为有实施种养结合的场地

二、猪场场址选定的四步法

（一）事前准备

规模化养猪集团在猪场场址选定上要做好以下 6 项准备。

1. 承办部门的准备

（1）集团公司投资发展部及下属动保科、

地势、水质、社会条件三达标

预算科、质管科等部门的准备。

（2）猪场项目开发部及下属猪场项目经理科、设计科和材料设备科等部门的准备。

2.岗位说明的准备

上述部门经理及部门员工的任职资格、职责概要和岗位职责等内容的准备。

3.猪场项目投资与开发制度的准备

（1）猪场项目投资管理制度的准备。

（2）猪场项目前期开发制度的准备。

4.猪场项目管理工具的准备

（1）动保、设计、质管、预算、材料等专业部门相关工艺参数及表格的准备。

（2）猪场项目投资与开发有关表格的准备。

5.猪场项目工作流程的准备

（1）猪场项目开发部根据拟选场址情况和项目调研情况，编制猪场项目可行性调研报告，并送达集团公司投资发展部。

（2）集团公司投资发展部根据猪场项目可行性调研报告，结合企业自身条件，对本投资项目拿出初步意见，并报总经理和董事会批准。

6.审批的准备

（1）根据总经理的批示，猪场项目开发部与土地所有方签订30年的租赁合同。

（2）将投资猪场项目的有关文件或材料备齐呈报给地方畜牧、土地、环保、供电、消防等有关部门，待批复。

（二）事中操作

这里仅将传统猪场场址选定的工作标准阐述如下。

1.地形地势

（1）开阔整齐，有足够面积。

猪场生产区面积可按母猪每头 45~50m^2

猪场场址的地势

场址要开阔整齐、有足够面积

地势高燥且相对平坦

地势背风向阳

地势要有缓坡

或上市育肥猪每头 3~4m² 考虑；一般年出栏万头商品猪的商品场，其生产区面积为 3~4万 m²（60亩）；而猪场生活区、生产管理区和隔离区则另行考虑，并须留有余地。

（2）猪场场址要地势高燥、平坦、背风向阳和有缓坡。

2. 水源水质

（1）水源充足，水质良好。

① 猪场水源的水量必须满足场内生活用水、猪只饮用和饲养管理用水（如清洗猪舍、清洗设施及用具等）的要求。其各类猪只需水量详见下表，仅供参考。

猪场需水量的相关参数

项目 猪别	需水量[L/（头·天）]	
	总需求量	饮用量
种公猪	40	10
空怀及妊娠母猪	40	12
哺乳母猪	75	20
断奶仔猪	5	2
育成猪	15	6
育肥猪	25	6

② 待建猪场在选址时，对已初步确定场址的水源要采集水样，送到有关卫生检测部门进行水质检测。只有水质合格，才能作为选定场址的条件之一。

（2）要便于取用和进行卫生消毒。

① 猪场应该在生产区和生活区交界处建场内专用水塔及相关设施，如果在猪场范围以外才有水源条件，这个场址的选定要慎重，以放弃为宜。

② 建场后，要实施定期消毒的措施，以确保猪场饮用水的卫生和安全。

3. 社会条件

（1）电力保障良好。

① 猪场要由供电主干线供电，并在场

猪场场址的供水

水源充足

水质良好

便于取用

便于消毒

内设置足够容量的独立的三项电变压器。

② 猪场还要设置发电机组，防止因停电给猪场正常生产带来损失。

（2）道路保障良好。

猪场要有自己的出场道路，并与1级、2级公路距离300~500m，或与3级公路距离150~200m为宜。

（3）要有粪肥资源化处理场地。

要在猪场的下风处设置粪肥资源化处理场地，这个场地应设在猪场的隔离带区域内。

（4）要与居民区或其他企业保持适当距离。

猪场外围必须有20~50m宽的隔离带，与居民区的距离以500~1 000m为好。与其他企业应不少于150~300m，与其他畜牧场应不少于1 000~1 500m。

（三）要点监控

1. 地形地势的监控

（1）地形狭长或边角多不便于场地规划和建筑物布局。

（2）面积不足会造成猪场内建筑物的拥挤，不利于改善猪场环境。

（3）地势低洼不利于通风，场地潮湿易于蚊蝇滋生。

2. 水源水质的监控

（1）水源不足的场址必须放弃。

（2）水质不合格的场址必须放弃。

（3）两家共用水源要慎重考虑。

3. 社会条件的监控

（1）非适养区的拟选场址必须放弃。

（2）两家共用一台变压器的猪场场址也要放弃。

（3）供电不足又不能增容的猪场场址也要放弃。

猪场的社会条件要好

要有独立的变压器

要有隔离带

要有自己的出场道路

要有粪肥处理场地

（4）无自有出场道路的猪场场址也要放弃。

（5）没有粪肥资源化处理场地的猪场场址也要放弃。

（四）事后分析

1.猪场场址选定的重要性

（1）猪场场址是实施健康养猪的六大生物安全工艺体系和六大工程防疫设施体系的唯一载体。

（2）如场址选定存在问题，则建场后的生产经营必然要受影响而降低经济效益。

（3）如场址选定工作存在不可调和的原则性问题，后续的硬件设施投资越大则失误越大。

2.猪场场址选定的16条准则

（1）地方政府新近划定的适养区内。

（2）不与农业争地的山坡地。

（3）可实行种养结合的循环经济。

（4）场地方整便于规划布局。

（5）场地面积足够大。

（6）地势高燥、避开风口。

（7）水源充足。

（8）水质合格。

（9）水源一家独有。

（10）三相电变压器一家独有。

（11）供电充足且可增容。

（12）自有出场道路。

（13）有粪肥资源化利用的土地面积。

（14）离居民区有1 000m以上的距离。

（15）离其他企业也有1 000m以上。

（16）要有花园式猪场的基础条件。

猪场要有可持续发展的条件

猪场与居民区距离适当

液态粪的厌氧处理

固态粪的发酵处理

液态粪的水肥一体化利用

生活区的规划布局

第二节　规划布局的选定

一、知识链接

"规划布局的要点"

猪场场址选定后，须根据有利防疫、改善场区小气候、方便饲养管理、节约用地等原则，并考虑当地气候、风向、场地的地形地势、猪场各种建筑物和设施的规格及功能要求等因素；规划全场的场地分区、道路和排水系统、场区绿化等项目；同时还要合理布局各功能区及各种建筑物和设施的朝向、位置等。总之，规划布局选定的要点体现在场地规划布局和建筑物规划布局两个方面。

二、场地规划布局选定的四步法

（一）事前准备

场地规划主要为三个要点，即场地分区、场内道路与排水和场区绿化。

1. 场地分区的准备

猪场一般分为 5 个功能区，即生活区、生产管理区、生产区、隔离区和粪肥资源区，须按各区功能要求做好准备。

2. 场内道路与排水的准备

场内道路的准备，应分为清洁道和污染道两个方面的准备。而场内排水则分为明沟排水和暗沟排污的准备。

3. 场区绿化的准备

场区绿化的准备主要分为防风林、隔离林、场内路旁绿化和地面种植等四个方面的准备。

食堂

宿舍

菜地

运动场地

（二）事中操作

1. 场地分区的操作

（1）生活区。

其包括文化娱乐室、文体活动区、职工宿舍、食堂等单元。此区设在猪场大门口的外面，其位置应便于与外界的联系。

（2）生产管理区。

其包括场部办公室、接待室、饲料加工车间或饲料储存库、电力供应设施、车库、物品仓库、大门消毒间与消毒池、洗澡更衣间等单元；该区应紧靠生产区。

（3）生产区。

其包括种公猪舍、基础母猪舍、后备猪舍、保育舍、育成舍、育肥舍、清洁道、污染道、生产区车库、物品库、值班室、生产区大门消毒间与消毒池等单元。

（4）隔离区。

其包括兽医室、药库、隔离猪舍、尸体剖检台、尸墓、焚尸处、粪污处理场、污水处理场、隔离区车库、隔离区物品库等单元；该区处于各区域的下风方向。

（5）粪肥资源区。

其包括机械干清粪的设施及发酵池，复合肥加工场地与设施。其还应包括尿液及污水厌氧发酵净化处理的沼气发酵池、沼气贮存罐、沼液软体贮存池、无毒沼液喷灌系统及周边消纳沼液的种植面积。

2. 场内道路与给排水的操作

（1）场内清洁道与污染道均要求水泥被覆硬化，达到防水防滑的水平，利于全天候作业的进行。

（2）排水在道路一侧或两侧设明沟排水，供水和排污均应为暗沟内设管道进行。

生产管理区的规划布局（1）

门卫

办公室

会议室

仓库

3. 场区绿化的操作

（1）猪场可在其冬季风口处种植 5~6m 宽的防风林，其他外围处种植 2~3m 宽的隔离林；要以乔木和灌林相结合的方式进行栽种，且以 3~5cm 直径的大苗在新建猪场三通一平后栽培为宜。

（2）建场后，生产区内清洁道与污染道两旁可种植梧桐树，冬季去树冠即可达到夏季遮荫的目的。场内空地可种植花木大苗及其他需肥的种植品种，达到即可绿化又可创收的循环经济效果。

（三）要点监控

1. 场内分区的监控

（1）为保证良好的卫生条件，为避免生产区臭气、尘埃和污水的污染，生活区要设在上风向和地势较高的地方。

（2）生产管理区要其紧靠生产区，饲料库靠近生产区道路，饲料由卸料库转运至各舍料库；消毒、更衣、洗澡间设在生产区大门的一侧，进入生产区人员一律经消毒、洗澡、更衣后方可进入。

（3）生产区内设清洁道，供饲料、转猪等使用；其区内还要设污染道，供清粪、病死猪、外售猪等使用；靠生产区外设装猪台，靠污染道设外售猪道；严禁场外人与车辆进入，也严禁生产区内车辆外出。

（4）隔离区设置在猪场的下风方向，地势要偏低，以减少猪场疫病污染的几率；该区是卫生防疫和环境控制的重点区域。

（5）在建场时就要有种养结合、循环经济的决策，而且要突出在粪肥处理设施及场区周边消纳粪肥的种植面积上。

2. 场内道路与排水的监控

（1）场内道路。

生产管理区的规划布局（2）

料库

水塔

变压器

发电机组

场内清洁道与污染道互不交叉；生产区不设通往场外的道路；生产管理区和隔离区设直通到场外的道路，以利生产经营和卫生防疫的正常进行。

（2）排水系统。

生产管理区排水系统不宜与生产区排水系统并连以防场外污染物污染场内生产区。舍内排水系统与生产区排水系统连结处要设闸门，防止雨水倒灌进舍内。场内排污管网密封专用，严防泄漏而污染生产区其他地方。

3.场内绿化的监控

（1）场内绿化要早规划、早安排、早实施，一般在猪场三通一平后就可组织植树造林；且以3~5cm直径的大苗栽植为宜。

（2）在建场后，场内道路两旁种植秋冬季去冠的梧桐，即可达到夏季遮阴、冬季透光的效果。

（3）有组织、有计划地与园林管理单位联合起来，利用猪场空余地面种植花木大苗，达到即绿化又创收的目的。

（四）事后分析

（1）场地规划时，要根据有利于防疫、可改善场内小气候、可有利于饲养管理、可节约用地等原则进行规划。

（2）场地规划时，要重视当地气候、风向及场地的地形地势；既要以当地民居及村落为参考物，又要结合猪场场地规划的特殊性进行综合考虑。

（3）场地规划时，就应将种养结合决策所需的粪肥处理场地及周边消纳粪肥的种植面积落实好。这应是现代猪场可持续发展和创收的一剂良方。

生产区的规划布局（1）

生产区

更衣消毒间

清洁道

转猪过道

三、建筑物规划布局选定的四步法

（一）事前准备

（1）生活区各种建筑物位置、面积、朝向、间距及相关工艺参数的准备。

（2）生产管理区各种建筑物位置、面积、朝向、间距及相关工艺参数的准备。

（3）生产区各种建筑物位置、面积、朝向、间距及相关工艺参数的准备。

（4）隔离区各种建筑物位置、面积、朝向、间距及相关工艺参数的准备。

（二）事中操作

1. 生活区各种建筑物布局的落实

（1）职工宿舍位置、面积、朝向、间距及相关工艺参数的落实。

（2）职工食堂位置、面积、朝向、间距及相关工艺参数的落实。

（3）职工文体活动中心位置、面积、朝向、间距及相关工艺参数的落实。

（4）职工娱乐活动中心位置、面积、朝向、间距及相关工艺参数的落实。

2. 生产管理区各种建筑物布局的落实

（1）大门值班室位置、面积、朝向、间距及相关工艺参数的落实。

（2）场部办公室位置、面积、朝向、间距及相关工艺参数的落实。

（3）料库、检斤设施及饲料加工间位置、面积、朝向、间距及相关工艺参数的落实。

（4）水塔、变压器房、发电机组房、电工房、维修间、锅炉房及其他物料库的位置、面积、朝向、间距及相关工艺参数的落实。

3. 生产区各种建筑物布局的落实

（1）生产区大门值班室及消毒间位置、面积、朝向、间距及相关工艺参数的落实。

生产区的规划布局（2）

种公猪舍

后备母猪舍

空怀母猪舍

妊娠母猪舍

（2）种公猪舍位置、面积、朝向、间距及相关工艺参数的落实。

（3）后备猪舍位置、面积、朝向、间距及相关工艺参数的落实。

（4）空怀、妊娠母猪舍位置、面积、朝向、间距及相关工艺参数的落实。

（5）产房位置、面积、朝向、间距及相关工艺参数的落实。

（6）保育猪舍位置、面积、朝向、间距及相关工艺参数的落实。

（7）育成猪舍位置、面积、朝向、间距及相关工艺参数的落实。

（8）育肥猪舍位置、面积、朝向、间距及相关工艺参数的落实。

（9）生产区后大门及值班室位置、面积、朝向、间距及相关工艺参数的落实。

（10）生产区场内清洁道和污染道位置、面积、朝向、间距及相关工艺参数的落实。

4.隔离区各种建筑物布局的落实

（1）病猪隔离舍位置、面积、朝向、间距及相关工艺参数的落实。

（2）兽医室、解剖室及尸墓位置、面积、朝向、间距及相关工艺参数的落实。

（3）装猪台、检斤设施位置、面积、朝向、间距及相关工艺参数的落实。

（4）粪肥资源处理场位置、面积、朝向、间距及相关工艺参数的落实。

（5）污水处理场位置、面积、朝向、间距及相关工艺参数的落实。

（6）直通场外硬化道路位置、面积、朝向、间距及相关工艺参数的落实。

（三）要点监控

1.生活区各种建筑物布局的监控

（1）职工宿舍要便于与外界联系，要方

生产区的规划布局（3）

产房

保育舍

育成育肥舍

称猪间

便清洁卫生，要有家的感觉。

（2）职工食堂要远离猪粪气味，要减少蚊蝇袭扰，要有利于食品卫生。

（3）职工文体娱乐中心要能解除职工业余生活单调乏味的问题，要有各种文体、娱乐设施。

2. 生产管理区各种建筑物布局的监控

（1）猪场大门口设行人、车辆消毒池及有专人值班的值班室。

（2）猪场办公室要设在生产管理区内，便于接待与生产经营有关的人员。

（3）料库或饲料加工车间设在生产管理区一侧，靠近公路的外墙设卸料窗和检斤设施。内墙设门，供生产区提料用。

（4）水塔、变压器、发电机组房、电工房、锅炉房、维修间、其他物料库设在生产管理区的另一侧；也可在此处附近设生活区或职工食堂、职工宿舍。

3. 生产区各种建筑物布局的监控

（1）在生产管理区靠近料库的适当位置设立生产区大门，门口设人员和车辆进入生产区的消毒池、更衣室、洗澡间和值班室。

（2）在远离装猪台、粪肥资源处理场地的位置安排种公猪舍，并依次安排后备舍、空怀舍、妊娠舍和产房舍；还要外设围墙，形成相对独立、安全的繁殖小区。

（3）在紧靠产房的位置安排保育舍，最好也要外设围墙，用工程防疫理念的实施来保护这一弱势群体。

（4）在靠近保育舍的位置安排育成舍和育肥舍，其育肥舍与装猪台邻近相连，以利于商品猪的出售和会战的安排。

4. 隔离区各种建筑物布局的监控

（1）病猪隔离舍、兽医室、解剖台、尸墓等均设在猪场下风处的隔离区内，并要与

隔离区的规划布局

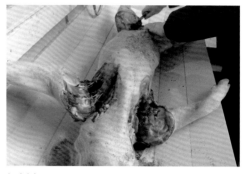

解剖台

化验室

装猪台

储粪池

育肥舍以墙相隔。

（2）在隔离区自建通往外部的道路旁并与生产区围墙相连处设装猪台及检斤设施，以便于商品猪销售。

（3）在隔离区自建通往外部的道路旁，选择下风处建粪肥处理场和污水处理场，以解决粪肥资源处理事宜。

（4）与粪肥资源区配套的设施农业所需的场地、建筑物的设计与实施。

5. 各区建筑物朝向的监控

（1）猪场生活区和生产管理区各种建筑物的朝向，一般以当地居民区房屋的朝向为准。

（2）猪场生产区及隔离区各种建筑物的朝向，一般是炎热地区应根据夏季主风向安排猪舍朝向。而在寒冷地区应根据冬季主风向安排猪舍朝向。

6. 各区建筑物间距的监控

（1）猪场生产区各舍的间距，一般以3~5个南排猪舍檐高为准。

（2）猪场其他各区建筑物的间距总的要求是既能利于道路、给排水管道、绿化、供电线路等的布置，又能满足通风、采光、卫生防疫和防火的要求为原则。

（四）事后分析

（1）猪场各区建筑物的布局要遵守场地规划的原则，也即是有利于防疫，有利于改善小气候，有利于饲养管理和节约用地的原则。

（2）如猪场各区建筑物的布局与场地规划的原则有相违之处，就要及时找出问题的原因所在，在不违反场地规划原则的情况下，进行妥善变通。

粪肥处理区的规划布局

沼气池

固态粪场

固态粪的处理

液态粪肥的水肥一体化应用

猪舍外维护结构的选定（1）

"V"形清粪沟的基础

水泥地面

半漏缝地板

第三节 各类猪舍的选定

一、知识链接

"猪场各类猪舍选定的要点"

其一是为确保全进全出流水式工艺流程的正常进行，各类猪群每个周转组所需的单元隔断舍必须足够。

其二是因地制宜地选择好各类猪舍的外围护结构，因猪舍内小气候状况在很大程度上是取决于外围护结构。

其三是要根据不同猪群的生理特点和生活习性来决定其饲养方式，并由此来决定各类猪舍的舍内布置。

二、猪舍外围护结构选定的四步法

（一）事前准备

猪舍的外围护结构主要包括：地基、地面、墙壁、门窗和屋顶。对此，要做好如下3种工作。

（1）要熟练掌握土建部门及畜牧业对上述外围护结构的专业规定和建筑参数。

（2）要组织专业人员编制既经济实惠又达到行业标准的现代猪舍外围护结构建筑方案。

（3）为慎重起见，须经专家及有关部门审定或修改各类猪舍的外围护结构建筑方案。

（二）事中操作

1. 猪舍基础

其埋置深度要根据猪舍的总负荷、地基承受力、地下水位及气候条件等确定；同时要注意基础的防潮防水，以免引起墙壁和舍内潮湿；为防止地下水通过毛细管作用浸润

保育舍的地热板

墙壁，在地基基础墙的顶部应设防潮层。

2. 猪舍地面

要求保温、坚实、不透水、平整、便于清扫和清洗消毒，并有 1°～2° 坡度。水泥地面除保温性能外，基本符合上述要求；对保温性能的问题，现多采用在猪只躺卧处的水泥地面上设地热或冷暖床设施。

3. 猪舍墙壁

有山墙和纵墙之分，并以此将猪舍与外界隔开；猪舍一般为纵墙承重，故要在地基和房檐处设有圈梁，以在承载力和稳定性上满足结构设计上的要求。墙壁可采用钢筋混凝土框架结构；墙面充填材料可选用空心砖、轻质保温泡沫混凝土砖等材料；墙壁的内表面要便于清洗和消毒，故要用水泥白灰砂浆粉刷；地面以上 1.5m 高的内墙壁为水泥墙裙。墙外围可全部粘贴泡沫保温板或聚苯乙烯板进行保温处理，然后外层涂以水泥砂浆进行防护。

4. 猪舍门窗

（1）供人、猪、手推车出入的平移推拉门，一般高 2.0～2.4m，宽 1.2～1.5m；门外设消毒池和坡道，便于消毒和进入。

（2）在现代猪舍建筑中，现推荐新型全开平移式窗户，其窗框高度不变，但宽度增加一倍，且安装于墙壁内侧或外侧，这样窗户均可同时往两边平移，从而使窗户通风面积增加一倍。其窗户采用铝合金框内的双层中空玻璃样式，其玻璃厚为 4mm，中空距离为 12mm。这个设计能显著减少通过窗户散失的热量，从而避免了窗户过大造成保温效果下降的负面影响。

5. 猪舍屋顶

（1）猪舍屋顶要起到遮挡风雨和保温隔热作用，屋顶要求坚固，有一定承载能力，

猪舍外维护结构的选定（2）

山墙

承重墙

承重墙的防寒处理

大门的防寒处理

不漏水、不透风，同时还要有保温和隔热性能。

（2）在现代猪舍建筑中，推荐采用轻钢结构，屋顶采用彩钢聚苯乙烯泡沫夹芯板和彩钢岩棉夹芯板；一般要求彩钢板厚度为0.4mm，夹芯板厚度南方为100~120mm，北方为120~150mm；夹芯板的内侧缝可采用PVC胶条封贴，可免除吊顶，显著节约了建筑成本。其与传统石棉瓦或烧制瓦相比，具有造价低、安装快、保温隔热、表面光滑、易于清洗消毒等诸多优点。

（三）要点监控

1. 猪舍基础

如猪舍的总负荷大而地基的承受力弱，可考虑在地基上设钢筋混凝土圈梁结构；如地下水位高或处于潮湿地带，要在地基顶部平面设沥青防潮层。如在寒冷的北方，地基底部要在冻土层下0.3m为妥。

2. 猪舍地面

解决猪舍水泥地面的保温问题，可在栏圈内躺卧区下5cm处铺设间隔25cm宽的6根PVC排管，并灌注15℃左右的地下水，经过循环并与猪体传导接触，可保持在20℃左右；即可解决育肥猪及成年猪冬暖夏凉的地面温度问题。

3. 猪舍门窗

猪舍大门一般为铁制，要尽量避开冬季主风向，必要时需加门斗避风。现代猪舍的双属中空窗户一般应用铝合金制作，在北方其北纵墙的窗户要小一些，寒冷地区在冬天还要钉上塑料布等进行防寒。

4. 猪舍墙壁

为使猪舍墙壁在承载力和稳定性上满足结构设计上的要求，可在墙壁的屋檐位置设

猪舍外维护结构的选定（3）

推拉门

推拉窗

大棚屋顶

彩钢板屋顶

水泥混凝土圈梁结构。墙壁外粘贴聚苯乙烯板用于保温，其厚度也要根据当地气候条件和所选墙体材料的热工性来确定，达到既保温隔热又节约造价的目的。

5. 猪舍屋顶

猪舍的温度60%以上由屋顶渗入，故此，对于传统猪舍的改造，可将传统屋顶换成彩钢夹芯板材料，也可在产房或保育舍用PVC板吊顶，以提高冬季猪舍的保温水平，同时还可降低夏天猪舍的温度。

（四）事后分析

1. 打好基础

我国位于北半球，因此猪场的场址要求地势较高，开阔、背风、向阳；我国夏季以东南风为主，故此，猪舍设计一般以坐北朝南或朝南偏东5°为最好。这样的设计有利于猪舍的空气流畅，防止太阳直射到猪舍内部，夏季有利于通风降温，冬季有利于防寒保温。

2. 创新思维

现代猪舍外围护建筑材料的选择，要摒弃传统的老旧思维方法，科学合理地采用复合保温材料进行猪舍建筑。例如：用彩钢聚苯乙烯板取代石棉瓦，就是既充分利用彩钢板的光洁、超强硬度，又充分利用聚苯乙烯板的保温隔热性；其不仅具有保持舍内冬暖夏凉、昼夜温度波动小的优点，还可显著降低猪舍的建筑成本。

三、各种猪群饲养方式选定的四步法

（一）事前准备

（1）种公猪及后备公猪饲养方式选定的准备。

（2）空怀、妊娠母猪饲养方式选定的

猪舍外维护结构的选定（4）

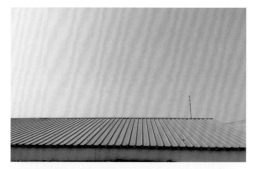

彩钢板聚氯乙烯屋顶

外墙粘贴保温板

实心地面冷暖炕

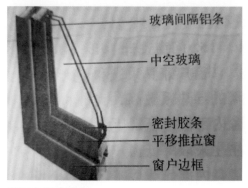

玻璃间隔铝条

中空玻璃

密封胶条
平移推拉窗
窗户边框

双层中空玻璃窗

准备。

（3）哺乳母猪、哺乳仔猪饲养方式选定的准备。

（4）保育仔猪饲养方式选定的准备。

（5）育成、育肥猪饲养方式选定的准备。

（6）后备母猪饲养方式选定的准备。

（二）事中操作

1.种公猪与后备公猪的饲养方式

（1）种公猪多饲养在平养单列式栏圈中，栏圈多为7~9m²，每栏只饲养一头公猪；为延长公猪使用寿命，可在舍外设圆形跑道运动场，以保证其充足的运动；加之刷拭、调教等管理内容，使种公猪更加便于采精、配种工作的实施。

（2）后备公猪的饲养方式与种公猪基本一致，略。

2.空怀与妊娠母猪的饲养方式

其一般分成3种形式，即限饲群养、个体限位栏饲养和智能化群体饲养。

（1）限饲群养。

即每个栏圈中饲养4~5头空怀母猪或妊娠母猪，饲喂时在设置的单体隔栏中定位、定量采食，平时在10m²左右的大栏中自由活动。现代健康养猪推荐空怀母猪和配后36~107天的妊娠母猪在此种栏圈中饲养。

（2）个体限位栏饲养。

即在长2m，宽0.65m，高1m的个体栏中饲养一头母猪，采食、饮水和其他活动均在限位栏内完成。现代健康养猪推荐空怀母猪发情后即转入此栏中进行配种，并饲养至配后35天。

（3）智能化自动饲养。

其是在母猪大群饲养条件下，采用射频身份识别技术对每头母猪进行身份识别，在

种公猪的饲养方式

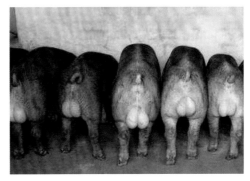

后备种公猪的采食

种公猪的运动

种公猪的刷拭

种公猪的防暑

不进行人为干扰的情况下实行精确饲养和管理的一套系统。这套系统可用于种猪扩繁场以上级别的母猪配后30~107天的舍饲散养，目前已在大型猪场开始普及。

3. 哺乳母猪、哺乳仔猪的饲养方式

（1）规模化猪场的哺乳母猪现多饲养在分娩栏，其中间部位为哺乳母猪限位栏，是母猪采食、饮水、排泄、休息、分娩和给仔猪哺乳的位置。其两侧是仔猪补料、饮水、取暖、休息和活动的场所。

（2）哺乳母猪在产前一周要提前上分娩栏，以适应环境；经过围产期，一般在产后21天完成哺乳任务而离开分娩栏，进入下一个情期。

（3）哺乳仔猪在分娩栏中完成了吃好初乳、固定乳头、免疫、补铁、去势、补料等多个环节后。一般在21~25日龄进入断奶及断奶缓冲环节后，转入保育舍。

4. 保育仔猪的饲养方式

（1）网上栏养方式。

① 传统的规模化猪场多将保育仔猪饲养在网上的保育栏内，两个保育栏的相邻处设一个双面的自动食槽，供两栏仔猪采食用；每栏安装一个自动饮水器，供仔猪饮用。

② 保育舍的供暖，或用锅炉供暖，或用热风炉供暖，总之是必须要解决好的首要问题；其次是全进全出的清洗、维修和清毒问题，以净化、优化猪舍环境。

③ 网上饲养仔猪，粪尿通过漏缝隔网落入沟中，保持了网上的清洁和干燥，避免了粪便的污染，减少了疫病的发生；给保育仔猪的健康生长提供了保障。

（2）半漏缝、机械清粪的健康养猪饲养方式。

① 在占栏长50%的实体地面上实行地

空怀、妊娠母猪的饲养方式

空怀母猪的平养限饲

保胎期的限位饲养

稳胎期的单栏饲养

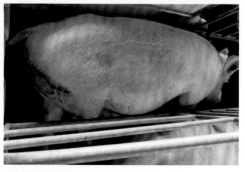

重胎期的饲养

暖供热为主、保温灯加热为辅的供暖措施；保证舍内空气温度为 25~28℃，地面温度为 28~30℃。各种供暖方式经比较，以水暖加热最为经济实惠。

② 在不同猪舍类型中将不同的漏缝地板组合使用，可取得很好的漏粪效果。如保育猪舍，在仔猪活动区域铺设水泥漏缝地板，而在猪栏间隔栅栏的仔猪排泄处铺设 15~20mm 宽的钢筋焊接漏缝地板，以更好地发挥漏粪效果。

③ 采用刮粪板清粪工艺模式，其可以使粪尿及时分离，液态粪便通过导液管自动排出舍外，固体粪便通过刮粪板定期刮出猪舍。此模式可节省人力和有利于环境控制、污水处理等后续环节的开展。

5. 育成育肥猪的饲养方式

（1）传统的大栏地面群养方式。

① 规模化猪场的育成育肥猪主要采取大栏地面群养方式，为了减少猪群转群次数，往往把育成、育肥两个阶段合并成一个阶段饲养。

② 虽然育成、育肥猪身体机能趋于完善，对不良环境有较强抵抗力；但从提高生产性能上看，必须从优化外部环境入手，才能取得优异的料肉比成绩。

（2）漏缝地板、机械清粪的健康养猪饲养方式。

① 半漏缝地板是指靠过道栏侧为实心水泥地面，一般占总栏舍面积的 40% 左右；因猪只在实心地面采食、休息，故应在距地面下 5cm 处安装地暖，使猪舍地板温度在 20℃ 左右，满足其躺卧所需温度。

② 占总栏舍面积 60% 左右为漏缝地板，在猪群经常排粪的隔栏两侧 150mm 区域采用漏粪效果好的金属漏粪板，一般缝隙宽度

哺乳母猪的饲养方式

产前一周蹭产床前的清洗

哺乳母猪的限位饲养

哺乳期的采食

哺乳期的饮水

为 28~30mm 为妥；而非主要排粪区采用缝隙在 20~23mm 的常规水泥漏缝板。

③ 粪尿自动分离刮粪方式是指在粪沟内安装粪尿分离管，整个粪沟纵轴设计成 1° 的坡度，粪沟横切面为"V"形，粪沟两侧到中心粪尿管理保持 2° 的坡度，这样猪尿能够自动流到粪沟中心的粪尿分离管内，及时排出舍外。而粪沟内的刮粪板定时进行清粪处理，完成舍内清粪任务。

6. 后备母猪的饲养方式

（1）后备母猪采用的是群养限饲方式，一般每栏为 4~5 头；外三元后备母猪为 140~150 日龄开始限饲，以控制体重和膘情；饲喂时，每头后备母猪仅能占有一个限位栏的位置，故能解决均匀限料饲喂的问题。

（2）一般在配种前两周，要采取催情补饲措施，以促进卵泡发育和增加排卵数量。具体做法是日采食量增至 3.5~4.0kg，蛋白含量要提高至 17% 左右，特别是钙、磷、微量元素和维生素等的含量都要有所改变。

（三）要点监控

1. 种公猪监控的要点

种公猪精液品质检查是监控种公猪饲养方式的要点之一，由此找出影响精液质量的因素，进而拿出指导种公猪饲养管理的改进措施。

2. 空怀母猪监控的要点

空怀母猪繁殖体况的恢复和短期优饲是本期的监控要点，故此，采用的饲养方式也要与此相适应。

3. 妊娠母猪监控的要点

（1）妊娠前期（0~35 天）。

此时采用个体限位栏的饲养方式，可便于配种、妊娠诊断的实施和按个体膘情进行

保育仔猪的饲养方式

大栏平养

高床栏养

冬天的舍内供暖

平养的电热炕

准确限饲,同时也便于妊娠前期保胎的实施。

（2）妊娠中、后期（36~107天）。

此时采用半漏缝地板、机械清粪的群养限饲方式,既可实现舍内环境的有效控制,又可对每头母猪实行精确饲喂,也可达到增加母猪运动的目的。

4. 哺乳母猪监控的要点

采用个体产床的饲养方式,就是要根据每个母猪个体的体况和膘情,实施有针对性的精细化饲养管理,使提高泌乳力和保持繁殖体况两个目标均得以实现。

5. 保育仔猪监控的要点

无论是采用保育床饲养方法,还是采用半漏缝地板、机械清粪方式,均要求猪舍消毒效果要达标、猪舍温度要适宜、饲料供给要逐渐过渡、抗应激的措施要得当和保健用药要及时。

6. 育成育肥猪监控的要点

要彻底改变以往不重视育成、育肥舍环境条件的认识和作法,从实体地面加地暖、半漏缝地板复合组装、机械清粪和减小密度入手,彻底改善育成、育肥舍的环境条件,为获得最佳料肉比奠定基础。

7. 后备母猪监控的要点

后备母猪采用群养限饲的方式,其监控的要点就是150~210日龄的限饲、胃肠扩容、隔离适应、系统免疫、催情补饲和后备母猪繁殖体况的达标等内容。

（四）事后分析

1. 各类猪舍选定的注意事项

（1）工艺参数要留有余地。

要根据上年实际完成的各项数据和当前现场的实际能力确定工艺参数。

育成、育肥猪的饲养方式

大栏平养的采食

大栏平养的饮水

大栏平养的清粪

大栏平养的躺卧

（2）要编制经努力有产可超的计划。

如果经过努力尚不能完成，这样的计划是没人去执行的。

（3）各种猪群的栏圈要留有余地。

有些特殊情况，往往个别猪群不能完成流水式生产运转，故要留有多余栏圈。

（4）要满足流水式生产工艺的要求。

在组织猪场生产时，注意上述三个要点，也能正常实施流水式生产工艺。

2. 做好猪舍的外围护建造工作

（1）要有现代建筑思维方法。

要摒弃传统建筑思维方法，要采用现代建筑材料新建或改建猪舍的外围护。

（2）要选用复合保温材料。

要选用保温隔热性能好的各种建筑材料，同时要注意降低建筑成本。

（3）要注意降低员工的劳动强度。

主要是在育成、育肥舍的上料和清粪上进行机械化改造。

3. 根据猪群行为习性确定饲养方式

不同日龄的不同猪群均具有不同的生理特点和行为习性。故此，每个饲养阶段饲养方式的选择，应以适应其生理特点和行为习性为前提。

后备母猪的饲养方式

群养限饲

后备母猪的体况

公猪的催情与查情

互相爬跨

第四节　舍内设施的选定

内容提要

猪舍内的设施主要为以下 8 种，其分别为：

1. 各种栏栅设施
2. 漏缝地板设施
3. 各种供暖设施
4. 各种通风保温设施
5. 各种光照设施
6. 各种饲喂设施
7. 各种饮水设施
8. 各种控湿设施

一、栏栅设施选定的四步法

（一）事前准备

（1）种公猪栏栅设施及工艺参数的准备。

（2）后备种公猪栏栅设施及工艺参数的准备。

（3）后备母猪栏栅设施及工艺参数的准备。

（4）空怀母猪栏栅设施及工艺参数的准备。

（5）妊娠母猪栏栅设施及工艺参数的准备。

（6）哺乳母猪栏栅设施及工艺参数的准备。

（7）保育仔猪栏栅设施及工艺参数的准备。

（8）育成、育肥猪栏栅设施及工艺参数的准备。

种公猪的栏栅设施

种公猪舍的水泥墙式栏栅

种公猪舍的铁制圈门

后备公猪的铁制栏栅

后备公猪的铁制圈门

空怀、妊娠母猪的栏栅设施

（二）事中操作

1. 种公猪舍栏栅设施的选定

（1）种公猪每栏饲养一头，平均面积为 7~9m²，栏栅高为 1.2~1.4m，其可以是金属的，也可以是混凝土的，但栏门必须是金属的（栅格间距为 0.12m），以便于生产管理和操作。

（2）采用人工授精方式时，须另设采精室和精液化验处理室，其采精室内的栏栅结构及工艺参数见配怀章节，略。

2. 后备种公猪舍栏栅设施的选定

其与种公猪栏栅设施相同，略。

3. 后备母猪舍栏栅设施的选定

一般采用限饲群养方式，每栏 4~5 头，每头占舍面积为 2.5~3.5m²；为确保限饲的准确性，在饲槽上设有个体限位栏的设施；后备母猪平时在栏内自由活动，并可通过发情母猪的追逐与爬跨而增加运动量和促进发情。其栏栅应是金属结构的，以便于种公猪在栏栅外的查情与催情。

4. 空怀母猪舍栏栅设施的选定

其与后备母猪的栏栅设施相同，略。

5. 妊娠母猪舍栏栅设施的选定

（1）个体限位栏形式。

其栏长 2.0m、宽 0.65m、高 1.0m，栏栅为金属结构。一般多在妊娠初期 0~35 天采用此栏栅形式，以利配种操作和配后初期保胎。

（2）群养限饲形式。

其与后备母猪栏栅设施相同，故此略。本形式多用于配后 36~107 天。

6. 哺乳母猪产床栏栅设施的选定

（1）产床的大致布局。

其中间为母猪限位栏，是母猪分娩和产仔的位置；栏栅两侧每隔 30cm，有一防压

空怀母猪的限饲栏栅

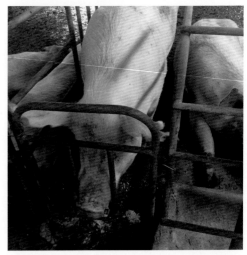

空怀母猪的铁制圈门

妊娠母猪的铁制栏栅

妊娠母猪的铁制圈门

弧脚；其限位栏后部开门供母猪上产床用，其前部安装食槽和饮水器，打开卡口，也是母猪下产床的通路。

（2）传统产床的规格尺寸。

外三元母猪的分娩栏，一般长为2.2m，宽为1.8m，限位栏高1.0m；产床大多离地面30cm。其中间为母猪限位栏，两侧为新生仔猪保温休息区和饮水采食区。其床面材料主要为铸铁漏缝地板和工程塑料漏缝地板拼搭而成。

（3）新式产床的栏栅概况。

其一般为单个独立存在，规格为2.4m×1.8m；其多采用PVC围栏，以避免相邻两窝的接触感染；母猪限位栏可灵活调节长与宽，具有更好的防压功能。其他方面与传统产床基本相同。

7.保育舍栏栅设施的选定

（1）全漏缝式保育床。

① 其主要由工程塑料漏缝地板、金属栏栅、连接卡和金属支腿架等组成。金属支腿架支撑拼搭的工程塑料漏缝地板，并与金属栏栅通过连接卡相连接固定在水泥地面上。

② 其规格尺寸视猪舍面积而不同，一般为栏长2.2m，栏宽1.8m，栏高为0.6m，栅格间距为0.055m，离地面30cm，每栏可饲养25kg左右的仔猪10~12头。

（2）半漏缝式保育舍。

其分金属栏栅结构和水泥混凝土实体墙结构两种，其金属栏栅结构的栏圈是将金属栏栅预埋在舍内水泥混凝土地面中，一般栏栅高70cm左右，栏栅间距为6~8cm。其实体墙式结构的栏圈，除栏栅为水泥混凝土结构外，其余均与金属栏栅式结构的栏圈相同。

产床及保育的栏栅设施

哺乳母猪的铁制栏栅

哺乳母猪的铁制圈门

保育仔猪的铁制栏栅

保育仔猪的铁制圈门

8. 育成、育肥舍栏栅设施的选定

为保证舍内良好通风，要求猪舍栏栅采用镀锌管结构，栏栅高 90cm，上下连接的两根主栏栅为 DN32 或 DN40 的镀锌管，中间的选择 DN15 的镀锌管，栏栅间距为 9cm。在生产中也有采用实体砖墙的栏栅结构，但缺点是舍内多通风不良。

（三）要点监控

1. 栏栅门一定为金属焊接结构

不管何种猪舍、采用何种栏栅结构，其栏圈门一定要求为金属焊接而成，以便于日常管理和猪群周转之用。

2. 栏栅质量要达标

各种猪舍的栏栅质量要达标，要结实耐用，不允许因栏栅质量原因导致跑猪、串圈的现象发生；实体墙结构的栏栅要留有通风孔道。

（四）事后分析

不同猪群因其生理特点和行为习性的差异，其对猪舍栏栅设施结构的要求也不同。这就要求我们因猪制宜地选择好栏栅结构和制作材质，进而满足各种猪群行为习性和日常管理的需求。

二、各种漏缝地板设施选定的四步法

（一）事前准备

（1）各种漏缝地板相关情况的准备。

（2）猪舍搭设漏缝地板技术的准备。

（二）事中操作

1. 种公猪舍漏缝地板的选定

（1）传统人工清粪。

一般采用 600mm×600mm 的水泥漏缝地板，其板条宽 36mm，缝隙宽 25mm。其

育成、育肥猪的栏栅设施

育成猪的铁制栏栅

育成猪的铁制圈门

育肥猪的铁制栏栅

育肥猪的铁制圈门

铺设在500mm宽的粪尿沟上，并处于圈栏内排泄区地面最低的边缘处。

（2）现代机械清粪。

一般采用1 100mm×600mm的水泥漏缝地板，其板条宽为120mm，缝隙宽25mm。搭建在1 000mm宽的机械清粪沟上，同时在靠近隔栏200mm处，铺设同规格铸铁漏缝地板，其板条宽为36mm，缝隙宽为30mm，以增加漏粪效果。

2. 后备种公猪舍漏缝地板的选定

其与种公猪舍的形式相同，略。

3. 后备母猪舍漏缝地板的选定

（1）传统人工干清粪。

其与种公猪漏缝地板的选定方式基本相同，略。

（2）现代机械清粪。

一般在群养限饲的后备母猪舍内实施半漏缝地板的机械清粪模式，其占1/2面积的实体地面采用地热供暖，另占1/2的漏缝地板面积主要铺设长1 100mm×宽600mm的水泥漏缝地板，其板条宽为120mm，缝隙宽为25mm；另在靠近隔栏200mm处，铺设钢筋焊接漏缝地板，其与水泥漏缝地板的区别在于：其钢筋宽为24mm，缝隙宽为28mm，用于增加漏粪效果。

4. 空怀母猪舍漏缝地板的选定

其与后备母猪舍的形式基本相同，略。

5. 妊娠中后期母猪舍漏缝地板的选定

与后备母猪舍的形式基本相同，略。

6. 妊娠前期母猪舍漏缝地板的选定

妊娠前期考虑到配种操作的方便和保胎效果的有效，一般采用个体限位栏饲养方式。其漏缝地板采用水泥预制，长为1 100mm，宽为600mm；板条宽为120mm，缝隙宽为25mm；铺设在1000mm宽的机械清粪沟上。

漏缝地板的材质

铸铁铸制

钢筋焊制

工程塑料压制

水泥预制

要求 700mm 长铺在栏内，400mm 长铺在栏外过道，并在栏外的固定位置预制 100mm 直径的漏粪孔洞，以解决清粪问题。

7. 哺乳母猪产床漏缝地板的选定

（1）其在产床上的母猪限位栏位置铺设长 600mm、宽 300mm 的铸铁漏缝地板，其板条宽为 11mm，缝隙宽为 10mm，以解决母猪的尿液渗漏到粪尿沟内的问题；至于固体粪便则要人工清扫到床下粪尿沟内。

（2）在母猪限位栏以外，一律铺设工程塑料制漏缝地板，其长为 700mm，宽为 600mm，板条宽为 11mm，缝隙宽为 10mm，以解决哺乳仔猪的粪尿排泄问题。

8. 保育仔猪舍漏缝地板的选定

（1）全漏缝地板型保育高床。

一般采用工程塑料漏缝地板，其长为 700mm，宽为 600mm，板条宽为 15mm，缝隙宽为 13mm，以解决保育仔猪的粪尿排泄问题。

（2）半漏缝地板保育舍。

一般在占 1/2 舍面积的仔猪活动区铺设长 700mm、宽 600mm 的水泥漏缝地板，其板条宽 120mm，缝隙宽 14mm；在靠近隔栏两侧 150mm 区域铺设钢筋焊接的漏缝地板，其钢筋宽为 15mm，缝隙宽为 20mm，以提高漏缝效果。

9. 育成、育肥舍漏缝地板的选定

（1）传统人工清粪。

一般采用 600mm×600mm 规格的水泥漏缝地板，铺设在宽 500mm 的粪尿沟上；其板条宽 36mm，缝隙宽 25mm；其处于圈栏内排泄区最低的边缘处。

（2）现代半漏缝式机械清粪。

一般在占舍内地面 60% 左右的面积上铺设漏缝地板，以经济角度考虑可选用

漏缝地板在种猪舍的应用（1）

母猪在产床上用的漏缝地板

仔猪在产床上用的漏缝地板

母猪限位栏上用的漏缝地板

保育仔猪栏上的漏缝地板

优质的水泥漏缝地板，其长为 700mm，宽为 600mm，其板条宽为 120mm，缝隙宽为 25mm；而在靠近隔栏两侧 150mm 区域铺设金属漏缝地板，其板条宽为 20mm，其缝隙宽为 28mm，以提高漏粪效果。

（三）要点监控

1. 科学设计，合理选择

（1）漏缝地板的设计对猪舍内部清粪工作量、卫生条件以及猪群的健康水平等多个方面均有直接影响。所以在建场前要科学设计，确保施工与生产顺利进行。

（2）选择漏缝地板除了质量外，其缝隙宽度也是重点考虑因素。一般妊娠母猪用漏缝地板缝隙为 22~25mm，产床缝隙为 10~12mm，保育猪 12~15mm，育成猪 18~20mm，育肥猪 20~25mm。

2. 组合搭配，优化效果。

（1）不同材质的漏缝地板均各有优缺点，在不同的猪舍中要将不同的漏缝地板形成不同的组合，才能有利于生产的进行。如产床的铸铁漏缝地板与工程塑料漏缝地板的混搭使用就是个明显的例子。

（2）为了保证良好的漏粪效果，利用猪只排泄均在护栏结构旁的特点，可以在猪护栏两侧各 150~200mm 处铺设钢筋焊接漏缝地板，以更好地发挥漏粪效果。

（四）事后分析

1. 人工干清粪工艺的缺点

由于猪场污水处理的难度大，所以均采用人工干清粪的方式；其工作量大，一名工人只能养 300 头育肥猪；其易感染，舍内很容易通过清粪传播疫病；特别是一些员工习惯用水冲洗栏舍，则人工清粪往往演变成水

漏缝地板在生产猪舍的应用（2）

保育猪舍的人工清粪

保育猪舍的机械清粪

育肥猪舍的人工清粪

育肥猪舍的机械清粪

冲粪。

2. 非人工清粪工艺值得推广

一个设计良好的自动化控制猪舍，一名员工可以很轻松地饲养 3 000 头肥猪。这里的自动上料、自由采食、自动温控、自动通风、自动清粪等系统的配合，可节省了大量的工作量，特别是漏粪地板、粪尿分离及机械清粪工艺更是功不可没。

三、各种供暖设施选定的四步法

（一）事前准备

1. 集中供暖设计及供暖设施的准备

（1）空气加热。

（2）地暖加热。

（3）冷热床。

2. 局部供暖设计及供暖设施的准备

（1）电热板。

（2）保温灯。

（二）事中操作

1. 集中供暖的设计

结合国情，现阶段的集中供暖推荐采用锅炉供暖方式，通过管道将热水送入猪舍内部的散热片中进行空气加热，或采用地暖水管对地面进行加热的方式进行供暖。而猪舍内地暖水管及散热片的安装须由专业人员根据猪舍保温设计、散热片、地暖水管、供热管道、锅炉功率等多种工艺参数进行综合计算与设计后方可进行。

2. 集中供暖设施的选择

目前的供暖设施有燃煤锅炉、燃气锅炉、电热线、地暖系统、冷暖床、热泵供暖系统、太阳能供暖系统等。结合国情，多采用燃煤的无压力锅炉设施，因其适用于猪场的技术

冷暖床的相关设施

水塔设施

水处理设施

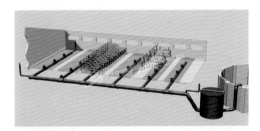

管道设施

地面的设施

档次和运行成本较低，而被广泛应用。特别是对成猪采用15℃左右地下水做为介质的冷暖床系统，满足了中、大猪冬季供暖和夏季降温的需求。

3.局部供暖设计及局部供暖设施的选择

（1）局部供暖设施的选择。

① 根据猪躯体不同部位对温度要求的不同，中国农大研制了适合不同猪群局部温控的暖床系统得到猪场的好评。

② 对于产床的局部温控，主要用电热板与保温灯来解决新生仔猪对30~33℃供暖系统的要求，而母猪处于舍内18~20℃的适宜环境中。这一多档次温控的设计，满足了母仔对不同温度的需求。

（2）局部供暖设施的选择。

① 侧重选择中国农大研发的局部温控的暖床设施，因猪制宜地在不同猪舍建造时进行实施。

② 产房可选用多挡调温的电热板和红外线保温灯设施，在舍温18~22℃的环境中，满足哺乳仔猪对30~33℃的外温要求。

（三）要点监控

1.舍内温度和地面温度的调控

（1）保持稍低的舍内空气温度。

猪只站立活动及采食时，机体产生的能量较躺卧休息时要高出很多；稍低于标准1~2℃，有利于机体的散热，并能有效促进猪只的采食量。

（2）保持稍高的地面温度。

猪群75％的时间是躺卧休息，冬季我国大部分地区舍内地面为5℃，而猪体表为35℃；此时猪只需要消耗很多的能量来维持体温的恒定，而且腹部受凉直接影响胃肠消

水暖加热设施

锅炉

管道

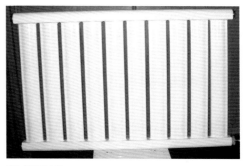

新式暖气片

老式暖气片

化和免疫功能。故此地面温度为 18℃左右，要稍高于猪标准 1~2℃为宜。

2. 不同时间、不同部位的温度调控

（1）不同时间的温度调控。

白天猪群活动机会多，可产生大量的热能，故舍温可比标准低 1~2℃。夜间猪群都在躺卧休息，产热量下降，且猪体与地面接触传导散热更快。故此，要求舍温比标准高 1~2℃为宜。

（2）不同部位的温度调控。

猪只躯体的最适温度为 30℃左右，肩颈部的最适温度为 20℃左右，头部的最适温度为 10℃左右。根据这一温度上的不同需求，中国农大设计了挂帘式保温箱，用于满足猪只不同部位对不同温度的需求。

（四）事后分析

1. 做好冬季的供暖工作

俗话说控制了温度就控制了猪群。冬季猪舍的适宜温度对健康养猪极为重要，其不仅可以防止冷应激带来的抵抗力下降和饲料报酬增高，还可以显著提高猪场的经济效益。

2. 采用最新供暖技术

要摒弃传统养猪思维，采用现代供暖工艺技术，特别是现代猪舍的地热供暖技术和外围护技术等工艺技术，为寒冷季节给猪群提供适宜温度夯实基础。

3. 温度控制自动化

猪场采用人工控制猪舍温度，不仅需要消耗大量人力，而且控制效果很差。对此，一般猪场可采用温度控制仪来进行温度控制，以达到精确控制的目的。

电加热设施

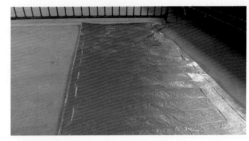
地热线加热炕

电热板

红外线灯

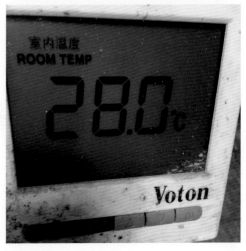
温控系统

现代猪舍保持空气环境的措施

一天二次，机械清粪

粪沟风机换气性通风

水暖供热

猪舍外维护保温改造

四、各种通风设施选定的四步法

（一）事前准备

（1）各种降温通风设施选定的准备。

（2）各种换气通风设施选定的准备。

（二）事中操作

1.各种降温通风设施的操作

（1）负压湿帘降温设施的操作。

① 其是目前应用最好的降温通风系统，优点是能耗低，兼降温与通风功能。

② 采用单向纵向通风方案，即湿帘和风机分别安装于猪舍长轴两端的山墙上，一端为进风洁净区，另一端为排风污染区。

③ 安装湿帘的山墙，其门宽 1.2m×1，主柱框架为 0.45m×4，湿帘面积为 4.5m×1.8m×2；在选择湿帘纸时，长江以北为 120mm 厚，长江以南为 150mm 厚。

④ 安装风机的山墙上，在其中心处平行安装 2 台 1400 型风机，即可完成负压湿帘降温通风的需求。

某公司湿帘负压风机规格参数及
不同静压下的通风量

项目　　型号	1000	1250	1400
扇叶直径 (mm)	1 000	1 250	1 400
电压（伏）	380	380	380
功率（千瓦）	0.75	1.1	1.5
转速（转/分）	600	439	439
在不同静压下的风机流量 (m³/h)　0Pa	35 000	42 000	55 800
10Pa	29 550	39 600	53 400
20Pa	27 050	37 300	52 100
30Pa	24 500	35 700	49 500

长 50m、宽 12m 的猪舍采用负压通风，1400 型风机需求台数计算表

求解项目	计算与结果
求湿帘面积 m²	$4.5 \times 1.8 \times 2 = 16.2$
求过帘空气量 m³/h	$16.2 \times 1.2 \times 3600 = 69384$
求短路 20% 时的过帘空气量 m³/h	$69384 \div 80\% = 87480$
求静压 30Pa 时，1400 型风机台数	$49500 \times 2 = 99000$

注：过帘空气量 $16.2 \times 1.2 \times 3600$，其中 16.2 为湿帘面积，1.2 为北方地区采用 120mm 厚的纸帘，一般流经湿纸帘的空气为 1.2m/s；3600 为转换为每小时过帘空气量。如南方地区需采用 150mm 厚的纸帘，其一般流经湿纸帘的空气为 1.5m/s，故应改乘以 1.5。

（2）正压冷风降温通风设施的操作。

① 采用垂直通风设施的操作。

垂直通风系统采用全封闭猪舍结构，实行单向垂直通风换气；新鲜空气从天花板不断进入猪舍，浑浊气体通过漏缝地板及粪尿沟排出猪舍。通过电脑自动控制调节风扇风速和风量来保证猪舍温度的稳定，并能够保持猪舍内优良的空气质量。此系统硬件设施投资大，目前只在部分高端猪场有应用实例。

② 正压降温通风设施的操作。

在南方热带地区的开放型猪舍，或者其他不适合安装负压湿帘降温设施的猪舍均可安装正压降温的冷风机。其原理是空气先经湿帘制冷后，再用风机吹入猪舍。

正压冷风降温的优点是对猪舍的要求不高，可广泛用于开放式猪舍；但其缺点是需要配备冷风管道送风，否则可出现降温不均的现象，如冷风机正面常出现降温过度的现象，而其气流死角部位则有更为闷热的现象出现。

通风换气的方式（1）

一侧山墙设置风机

另一侧山墙设湿帘

风机侧为污道

湿帘侧为净道

2. 各种换气通风设施的操作

（1）封闭式猪舍换气通风设施的操作。

① 垂直通风系统设施的操作。其是部分高端原种猪场采用的换气通风模式。因其投资多，推广意义不大，故从略。

② 负压通风系统设施的操作。其是大多猪场普通采用的换气通风模式，一般在50m 长 ×12m 宽的封闭式猪舍，可采用两台1000 型负压轴流风机在预先设置的温度范围内进行定时的换气通风。

（2）半开放式猪舍换气通风设施的操作。

① 其在春秋两季可采用打开窗户的方式进行换气通风。

② 其在夏季可采用关闭门窗，利用预先定置在两端山墙上的湿帘和负压风机在一定温度范围内进行换气通风。

③ 其在冬季可关闭门窗，利用预先设置在粪沟内的高速轴流风机及屋顶的无动力风机进行换气通风。

（三）要点监控

1. 及时清粪

在同样的通风量和通风模式的情况下，只要能做到及时清粪，就会减少猪舍内有害气体的产生，显著提高空气质量。

2. 粪沟通风

有害气体如氨气、甲烷、硫化氢等多由粪沟内产生，所以在粪沟内安装风机进行通风，就可以迅速将有害气体排出舍外。

3. 机械清粪

中小型猪场的产房或保育舍可采用人工清粪方式，而妊娠舍、育成育肥舍可采用机

通风换气的方式（2）

正压风机

负压风机

开窗通风

自动温控

械清粪模式，以改善清粪效果，进而改善舍内空气质量。

4. 优化保温设计

为改善舍内保温效果，可在猪舍的外围护结构上采用现代保温复方材料。在此基础上，即可采取通风措施来改善舍内空气质量。

5. 地暖供热

猪只75%的时间处于躺卧休息状态，此时如采用地暖供热方式则可放心地实施定时通风换式的措施，用于改善舍内空气质量。

6. 通风的自动化控制

采用时间控制器用于通风的控制是猪场容易接受的控制方式；其具有操作简单、价格低廉、使用寿命长的特点，值得推广。

（四）事后分析

1. 舍内空气质量差是猪呼吸道综合征发生的主要诱因

（1）猪群的健康水平、特别是猪呼吸道疾病的发生率均与猪舍内的空气质量有关。

（2）在实际生产中，饲养密度大、通风效果差、清粪不及时、霉菌污染严重等均可影响空气质量，进而诱发猪呼吸道病。

2. 认真做好舍内空气净化工作

首先要做好舍内保温工作，为舍内定时通风奠定基础；其次要结合实际条件，做好舍内通风设计工作；第三是加强猪舍卫生环境管理工作，提高舍内空气卫生档次；最后要采取提高舍内空气质量的综合措施，达到有效防治猪呼吸道病的目的。

通风换气的方式（3）

纵向通风

横向通风

进风口

排风口

五、各种光照设施选定的四步法

（一）事前准备

（1）自然光照设施选定的准备。

（2）人工光照设施选定的准备。

（二）事中操作

1. 自然光照设施选定的操作

（1）窗地比。

其是指猪舍门、窗及透明瓦等透光构件面积与舍内地面面积之比。

（2）辅助光照强度（lx）。

其是指自然光照猪舍设置人工照明灯具，以备猪舍补充光照或工作照明用。

（3）不同猪群自然光照采光标准。

不同猪群自然光照采光标准

猪群类别	窗地比	辅助光照 (lx)
种公猪	1：(10~12)	50~75
空怀母猪	1：(8~10)	75~100
妊娠母猪	1：(12~15)	40~50
哺乳母猪	1：(10~12)	50~75
哺乳仔猪	1：(10~12)	50~75
保育仔猪	1：(10~12)	50~75
育成育肥猪	1：(12~15)	30~50
后备母猪	1：(8~10)	75~100

2. 人工光照设施选定的操作

（1）人工光照的强度。

其是指在没有自然光照的密闭猪舍中采用白炽灯用于照明的强度，其用 lx 来表示。

（2）人工光照的时间。

其是指人工光照的另一项指标，在没有自然光照的密闭猪舍中，采用白炽灯用于照明的时间，一般用小时来表示。

猪舍理想的光照度（1）

公猪舍理想的光照度

空怀舍理想的光照度

妊娠舍理想的光照度

产房理想的光照度

（3）不同猪群人工光照的采光标准。

不同猪群人工光照采光标准

猪群类别	强度（lx）	时间（h）
种公猪	50~100	14~18
空怀母猪	75~100	16~18
妊娠母猪	50~100	14~18
哺乳母猪	50~100	14~18
哺乳仔猪	50~100	14~18
保育仔猪	50~100	14~18
育成育肥猪	30~50	8~12
后备母猪	75~100	16~18

（三）要点监控

（1）中小猪场一般自然光照按12h计算，补充光照在傍晚进行，育成育肥舍除外，其他猪舍均补充4~5h为宜。

（2）白炽灯泡或节能灯安装要分布均匀，光源离地面2.0~2.2m。光线以白光或黄白光为宜，不可用红光。

（3）要每周五检查和清洁灯泡一次，损坏的灯泡要及时更换，要认真擦拭灯泡上的灰尘，以保证猪群获得有效的光照强度。

（4）补充辅助光照时间一经确定，就不要轻易改变，以便于猪群建立正常的生物钟反应；最好安装光照定时控制器来控制补充辅助光照。

（四）事后分析

（1）相对于温度和空气质量，猪舍采光常常得不到足够的重视，进而导致照明灯长期得不到清洁，光照强度显著下降。

（2）育成育肥猪光照时间为8~12h，光照强度为30~50lx；其他猪群均要光照14~18h，光照强度为50~100lx。

（3）自然光照优于人工光照，在生产中，采用双层中空玻璃窗户后，其窗户面积还可

猪舍理想的光照度（2）

保育舍理想的光照度

育成舍理想的光照度

育肥舍理想的光照度

后备舍理想的光照度

在原标准的基础上适当加大。

（4）育成、育肥猪对过长或过强的光照会引起兴奋，甲状腺会分泌增强，进而影响饲料利用率，故要适当减少光照时间和光照强度。

六、各种饲喂设施选定的四步法

（一）事前准备

（1）限饲采食设施选定的准备。

（2）自由采食设施选定的准备。

（二）事中操作

1. 限饲采食设施选定的操作

（1）概况。

限饲采食设施又称限饲食槽，适用于限量饲喂的种公猪、后备公猪、后备母猪、空怀母猪、妊娠母猪和哺乳母猪。其主要为混凝土地面食槽，而哺乳母猪则采用钢板食槽。

（2）现场设置。

常用的水泥混凝土地面食槽多设置在靠近过道一侧的栏栅处；哺乳母猪使用的钢板食槽设置在产床限位架的头部限位门上；而智能化母猪饲喂食槽则定置在舍内智能化限饲机的地面位置上。

（3）水泥混凝土地面限饲食槽的规格尺寸。

水泥混凝土地面限饲食槽规格（cm）

猪的类别	宽	高	底厚	壁厚	长度/头
100kg以下	30	18~20	5	4	33
100kg以上	40	20~22	6	5	50

注：长度为每头猪所需饲槽长度。

2. 自由采食设施选定的操作

（1）概况。

自由采食设施又称自动食槽，就是在食槽

各种饲喂槽（1）

公猪饲喂槽

哺乳母猪饲喂槽

后备母猪半限位槽

妊娠母猪限位槽

顶部安放一个饲料贮存箱，平时贮存一定量的饲料，在猪采食时，贮存的饲料靠重力不断流入饲槽内；每隔一定时间加一次量。其圆形下口可以调节而长方形下口则用钢筋隔开。自动食槽适用于幼猪、仔猪和生长育肥猪。

（2）现场设置

常用的自动食槽有长方形和圆形两种，长方形食槽可以做成双面兼用，其与圆形食槽一样均可放在两栏中间定置，供两栏猪只采食。

（3）制作材质。

长方形与圆形自动食槽均可用镀锌钢板或冷轧钢板成型表面喷塑制成，也可用半金属半钢筋水泥制作。

（4）金属自动食槽的基本参数。

各种饲喂槽（2）

空怀母猪限位槽

育成育肥猪机械上料槽

金属自动食槽的基本参数（cm）

食槽形状	猪群种类	食槽深度	采食间距	食槽前沿高度	食槽宽度
长方形	保育猪	70	14~15	10~12	40~60
	育成猪	80	19~21	15~17	60
	育肥猪	90	24~26	17~19	80
圆形	保育猪	62	14	15	
	育成猪	95	16	16	
	育肥猪	110	20~24	20	

（三）要点监控

1. 要因猪制宜地选好食槽

无论是机械上料还是人工上料，均要根据不同猪群的饲养特点选好料槽；繁殖用猪群因需要维持繁殖体况，则必须采用限饲食槽；而生长用猪群则可选用本阶段的全价料和自由采食料槽任其自由采食。

2. 要具备精准限饲的条件

繁殖用猪群采用限饲的方式来维持其繁殖体况，其前提是每头猪在饲喂时都要有同

生长猪干湿料槽

保育猪液体饲喂槽

时采食的槽位和每头猪都能独立占位的限位栏，以保障其准确吃到规定的限饲量，进而达到理想的繁殖体况。

3. 生长猪推荐采用干湿饲喂器进行自由采食

与传统自由采食料槽相比，干湿饲喂器有如下优点。

（1）集成料水。

该设备把猪的采食和饮水在空间位点上集成在一起，猪只不必在采食过程中为饮水而做穿梭移位，减少了饲料浪费和能量消耗。

（2）去除了猪采食的不良行为。

该设备在结构设计上，考虑了猪采食时的不良行为，去除了猪采食时前脚踏入的空间，这样就可有效地防止不良行为的发生。

（3）减少了采食时的争斗现象。

采用干湿饲喂器采食，每次仅留有 1~2 头猪的采食空间，则完全与猪群地位高低的排序吻合，故采食时很少有争斗，避免了饥饱不均的现象出现。

（4）留有机械化饲喂的余地。

如果在舍外设置料仓，在舍内设置输料管道，并配备机械设施及感应装置等，即可实现机械化饲喂的供料方式。

（四）事后分析

1. 做好当前饲喂设施选定工作

在养猪生产中，无论是机械化送料饲喂还是人工上料饲喂，都要选配好限饲食槽或自由采食食槽，以解决各种猪群的营养供应问题。故此，必须要做好舍内饲喂设施的选定工作。

2. 关注今后饲喂设施的应用趋势

母猪智能化精确饲喂系统因对不同母猪

各种饲喂槽（3）

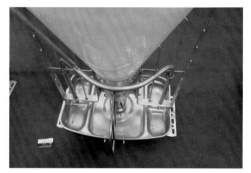

生长猪自由采食槽

保育猪自由采食槽

哺乳仔猪开食槽（1）

哺乳仔猪开食槽（2）

个体具有精确饲喂和自动管理的功能而被大型猪场所采用；随着猪场劳动力成本的增加和员工文化、技术素质的提高，规模化猪场采用此项设施将是一种趋势。

七、各种饮水设施选定的四步法

（一）事前准备

（1）舍内各种饮水设施选定的准备。

（2）舍内各种饮水设施安装的准备。

（二）事中操作

1. 舍内各种饮水设施选定的操作

（1）饮水器选定的操作。

① 饮水槽。

就动物本身的天性来讲，最适合猪只饮水的方式是饮水槽式饮水盆。但由于饲料残留，二次污染亟须每日定时清理等原因，在现代规模化猪场已极少使用。

② 鸭嘴式饮水器。

其优点是体积小、安装维修方便，卫生状况好和成本低等；其缺点是猪饮水时压力大，易溅水，影响猪饮用；且器内弹簧易因弹性不好，复位差等而引起漏水；当水压不足时，常导致猪饮水不足。

③ 不锈钢饮水碗。

其是采用乳头式饮水器与盛水碗组合而成的，虽然价格稍贵，但符合猪的饮水习惯，能防止漏水，有减少液态粪排放等优点；在规模化猪场已逐步得到推广。

④ 气压式自动饮水碗。

该饮水器符合猪的饮水习惯，节水效果好；现已在产床上有应用。在大栏群养时，需在其两侧焊接两根"U"形镀锌管，以避免猪只排泄粪便到饮水碗中。

猪场的供水设施（1）

水井

水泵

水塔

水箱

（2）供水管道选择的操作。

① 猪场内供水管道，一般分三级，一般从水塔到每栋猪舍之间的水管为一级水管，从一级水管到每个栏圈为二级水管，从二级水管到每个饮水器为三级水管。

② 一级水管要求水流量大，要求能够满足各栋猪舍的充足用水，所以必须要保证有足够大的管经。1、2 级水管要埋入地下，可选 PVC 材质；而 3 级水管要连接饮水器，一般采用镀锌管材质。

2. 舍内各种饮水设施安装的操作

（1）饮水器安装的操作。

① 根据猪群的不同，要确定最适合的安装高度和水流速度，详见下表。

各种猪群最适合的饮水器安装高度和水流速度

猪群类别	安装高度（cm）	水流速度（mL/min）
成年公猪	60	1 500~2 000
妊娠母猪	60	1 500~2 000
哺乳母猪	60	2 000~2 500
哺乳仔猪	12	300~800
保育仔猪	28	800~1 300
生长育肥猪	38	1 300~1 500

② 在大栏中饲养的猪群，每 8~10 头猪需配置一个饮水器；当猪群数量大于 10 头时，推荐每栏安装 2 个饮水器，且高低搭配有利于猪群饮水。

③ 尽量用饮水碗饮水，以防止饮水时往外溅水，便于保持猪舍干燥，而且有利于节水，减少液态粪的后续处理工作量；饮水碗的安装高度要低于鸭嘴式饮水器 5cm，否则会造成饮水困难。

（2）供水管道安装的操作。

① 一级水管与每栋舍的二级水管连接处均需要安装阀门，以利于供水控制。三级

猪场的供水设施（2）

净水器

一级管道

二级管道

三级管道

95

水管管经一般采用DN15镀锌管，即通常所称的四分管，并采用套丝机两端套丝，用于安装各种饮水器。

②为了加药方便，每栋猪舍及分单元饲养的产房、保育舍等猪舍均要求安装单独的加药桶，以便于饮水加药。有条件的也可在每栋猪舍的二级水管上安装全自动加药器，以方便饮水给药。

③猪场的一级水管要求必须埋在地下，二级水管也尽量埋在地下，不要暴露在空气中。以避免夏季水温过高会降低猪群的饮水量，冬季水温过低易造成猪饮水不足或诱导腹泻病的发生。

（三）要点监控

1. 优化水井的选定

（1）水井位置的确定。

猪场用水要求采用地下无污染水源，要注意水源地与粪尿处理处越远越好。

（2）水井日出水量的确定。

一般水井日出水量为猪场日用水量的2倍为宜，如猪场日用水量为50t，则按日出水量100t设计。

（3）水井口径的确定。

一般日用水量为50t以下的水井，其口径在16~20cm即可；日用水量在50t以上的水井，其口径可为20~25cm即可。

2. 优化水塔的选定

（1）无塔供水系统弊端很多。

无塔供水系统虽然节省了水塔建设费用，但其密封水罐、控制系统等结构繁杂，一旦出现故障，则整个猪场无水可供，一旦停电，猪群无水可饮。

猪场的供水设施（3）

鸭嘴式饮水器

传统饮水槽

乳头式饮水器

不锈钢饮水碗

（2）有塔供水系统值得推广。

采用不锈钢水塔供水系统具有结构简单，维护方便；短时间的停电不会影响猪群的饮水。近年来，不锈钢水塔因其重量轻、安装方便、可多个并联安装，价格适中，使用寿命长，可直接安放在屋顶等优点而得到广泛应用。为了保持水温衡定，不锈钢水塔外包裹保温层十分必要。水塔还要定期进行清洗消毒，以防止水体污染。

（四）事后分析

1. 要充分认识饮水供应的重要性

水是一切动植物生命活动至关重要的物质之一，猪体内营养物质的消化吸收，废弃物的排泄，血液循环、呼吸与体温的调节等一切生命、生理活动都离不开水。猪体内一旦缺水，就会导致一系列严重后果，甚至会引起猪只死亡。

2. 要优化供水系统的设计

猪场的供水系统由水井、水泵、水塔、供水管道、水温处理器、饮水器等部分组成。因此，有必要在水源地、水井、水泵、水塔、给水管道、饮水器等多个环节进行优化设计，以保障猪群能饮到充足、清洁、压力适中、温度适宜的饮水。

3. 要尽量实施节水工程

节水工程的设计也是降低水用量的关键所在，猪场要重视节水设施的使用，特别是机械干清粪配套设施的选用，其可以节省大量的水资源，不但可节省经营费用，还可有效减少后续液态粪污的处理量，使猪场内外环境的控制处于良性循环状态。

猪只在饮水

母猪在饮水

育肥猪在饮水

保育猪在饮水

哺乳仔猪在饮水

一年四季的通风控温

春秋季节开窗通风

八、各种控湿设施选定的四步法

（一）事前准备

（1）各种控湿设施选择的准备。

（2）各种控湿设施设置的准备。

（二）事中操作

1.各种控湿设施选择的操作

我国中、小规模猪场多采用优化通风控温系统，而大型猪场多采用自动通风控湿系统，现将中小猪场通风控湿设施的优化组合介绍如下。

（1）春秋季节开窗通风控湿。

春秋季节气温适宜，可打开窗户进行通风，借以降低舍内空气湿度；特别是打开地窗进行通风，更容易使地面水分蒸发。

（2）夏天炎热季节进行负压降温通风。

在舍内温度超过25℃时，可关闭门窗，进行纵向负压通风，在降温性通风的过程中，将潮湿空气带出舍外，借以达到控湿的目的。

（3）冬天寒冷季节的粪沟通风控湿。

在采用半漏缝地板、机械干清粪的猪舍，可选择粪沟风机通风的方式，在排出污浊空气的同时也可将舍内的水蒸气排出舍外。

2.各种控湿设施设置的操作

（1）新型全开平式窗户设置的操作。

① 传统平移式窗户只能保持一半的窗户进行通风换气及排湿，而新型全开平移式窗框高度不变，但宽度增加一倍；且安装在墙壁外侧，这样两扇窗户可同时向两边移，从而使窗户通风面积增加一倍。

② 现在推荐采用双层中空玻璃窗户，其能显著减少通过窗户散失的热量，从而避免窗户过大造成保温效果下降。一般猪场可

夏季纵向负压通风

冬季粪沟风机换气性通风

冬季通风前要供暖

采用玻璃厚度为 4mm，中空 12mm 的双层玻璃窗。

（2）自动控温负压通风设施的操作。

其具体内容详见本节第四部分的内容，略。

（3）粪沟风机通风设施的操作。

① 一般选择转速高的轴流风机，其多为电机直接驱动，风量在 1 000~10 000m³/h，功率在 0.1~1.0KW，风压为 50~200Pa。在实际应用中可根据猪舍大小、风机数量及安装方式灵活选择。

② 一般可选择直径 50~90cm 的风机，以便于在粪沟中安装；可以每 10m 安装一个风机，使粪沟通风达到均匀换气通风的目的。由于粪沟位置较低，所以安装时要注意防水，要使风机底座高于粪沟液面。

③ 一般可在舍内安装温湿度自动控制仪，用其调控粪沟风机的通风排湿；如果粪沟低于地面时，则需要在出风口处安装角度弯头，保证舍内污浊空气顺利排出猪舍。

（三）要点监控

1. 猪舍要坐北朝南，地势高燥

猪舍建在地势高燥地区，土壤干燥不返潮；猪舍地面要高于舍外地表 1.0m，粪沟就可位于地平面以上，排污管道铺设非常方便，而且通风排湿效果会更好。

2. 猪舍地面要求

猪舍地面要求水泥标号 425 以上，石子、河沙含泥量低，混凝土配比合理，搅拌均匀并振动夯实，混凝土厚度在 10cm 以上，确保地面平整。同时坡度要控制在 1.5°～2.5°，保证粪尿及污水能够及时排出。

3. 舍内优化节水设计

要狠抓无冲栏设施及工艺技术的实施，

抓好猪舍湿控的基础工作

猪舍坐北朝南

猪场地势高燥

舍内无漏水

猪群密度合理

要采用饮水碗及干湿饲喂器等节水设施；淘汰水泡粪、水冲粪等工艺技术，采用半漏缝地板、机械清粪等现代环境控制关键技术，为减轻后续液体粪污处理负担奠定基础。

4.保持合理密度

猪群密度过大时，栏圈内粪污密布，同时猪群呼吸产生的水气都可加大空气相对湿度。故此，夏季育肥猪占栏面积为 1.8m²/ 头，冬季育肥猪占栏面积为 1.6m²/ 头。借此以减少空气湿度和栏圈清洁卫生。

（四）事后分析

1.猪舍内空气湿度的控制范围

一般要求相对湿度 60%～70% 为宜。

2.舍内湿度大的危害

（1）舍内细菌、霉菌在潮湿的环境中可以大量繁殖生长，使猪舍内有害菌数量显著增加；仔猪消化道病、呼吸道病，特别是霉菌混感性疫病的发生率将会显著增加，进而严重危害猪群的健康水平。

（2）冬季气温低时，如果舍内湿度过高，就会使猪体散发的热量增多，使猪感觉更加寒冷；在这种冷应激环境的刺激下，猪的日增重将下降 6%～8%，严重影响猪群的生产成绩和料肉比。

（3）夏季气温高时，过高的空气湿度会显著抑制猪呼吸散热功能。因此，舍内湿度过高会使猪感到更为闷热。特别是高温高湿的环境极易造成猪群的热应激甚至中暑（热休克）。

现代猪舍湿控措施

半漏缝地面漏水漏尿迅速

"V"形粪沟利于粪尿分离

猪舍外围护保温性能好

安装了适宜的通风设施

人员的消毒

进生产管理区的消毒

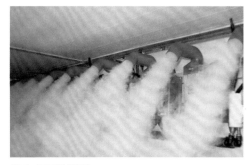
进生产区的消毒

进舍前的消毒

舍内的带猪消毒

第五节　卫生消毒设施的选定

一、知识链接

"卫生消毒设施的重要性"

疫病流行病学的三大环节为传染源、传播途径和易感动物。控制疫病流行的主要手段之一是切断传播途径，切断传播途径的主要手段之一是限制媒介传播，限制媒介传播的主要手段之一是卫生消毒。而影响卫生消毒效果的主要因素，是缺乏有效的卫生消毒设施。故此，有效的卫生消毒设施对猪场疫病预防非常重要。卫生消毒的主要内容为：人员卫生消毒、车辆卫生消毒、物品卫生消毒、舍内卫生消毒和舍外卫生消毒等。所以，备齐上述消毒内容的有效设施为重中之重。

二、卫生消毒设施选定的四步法

（一）事前准备

（1）人员卫生消毒设施选定的准备。

（2）车辆卫生消毒设施选定的准备。

（3）物品卫生消毒设施选定的准备。

（4）舍内外卫生消毒设施选定的准备。

（二）事中操作

1. 人员卫生消毒设施及工艺参数的落实

（1）凡进入生产区的人员都要更换场内工作服和胶靴，蹚过火碱槽后方可进入生产区；外来人员及场内员工休假或外出回来，必须在生产管理区隔离48h后，再经淋浴、更衣、熏蒸消毒后方可进入生产区。

（2）综上所述，生产区大门口的卫生消毒间要设立更衣间、沐浴间、太阳能或电加热热水器、洗衣机、戊二醛熏蒸器及火碱槽通道等卫生消毒设施。而猪场管理区大门口的卫生消毒间，则设火碱槽、戊二醛熏蒸消毒间和戊二醛熏蒸发生器即可。关于相关工艺参数见产品说明书。

2. 车辆与物品卫生消毒设施及工艺参数的落实

（1）猪场内车辆不准出生产区，场外车辆不准进入生产区。为此，外售猪的装猪台、清除粪污的清粪口、兽医剖检室及尸墓等均要设在生产区外围墙与隔离区的交界处，而饲料加工及贮料库、外售后备种猪的观察间、垫草等物品贮存库等，则要设在生产区与生产管理区的交界处。并在上述区域设有流动高压冲洗消毒设施、熏蒸消毒设施及生石灰等廉价有效的消毒制品，按规定进行消毒处理。

（2）如有特殊情况，外来车辆必须进场，则应在生产区大门口设 8~10m 长、2m 宽的火碱槽，并在此处设高压冲洗消毒设施。必要时，要在此处设立蓬布密封熏蒸消毒间，对进入车辆进行戊二醛熏蒸消毒，其相关工艺参数，详见产品说明书。

3. 舍内卫生消毒设施及工艺参数的落实

（1）待空舍清理、清扫后，可选择 94×P220 型冲洗喷雾消毒机或其更新换代产品，该机工作压力为 15~20kg/cm^2，流量为 20L/min，冲洗射程为 12~14m。其主要特点是高压喷雾冲洗，冲洗效果彻底干净，节约用水和药液；活塞式隔膜泵可靠耐用且体积小，机动灵活，操作方便。

（2）对舍内不易燃烧的地面、墙壁、栅栏等关键部位，可选择用火焰消毒设备进行杀菌消毒；其对待消毒表面瞬间高温燃烧，可使灭菌率达 97% 左右，远远高于药

车辆的消毒

在猪场大门前的消毒

在生产区大门前的消毒

各区的专用车辆（1）

各区的专用车辆（2）

物 95％的消毒杀菌率。而且具有操作方便、无药物残留等优点，值得现代规模化猪场推广应用。

（3）对墙壁、地面也可选用 20％的石灰乳进行涂抹消毒，对于舍内饲槽、饮水器、笼舍等设施也可选用复合碘、过氧乙酸等消毒剂进行两次喷雾消毒，以提高消毒效果。

（4）待上述消毒处理和舍内设施安装维修后，即可进入最后一道熏蒸消毒程序；一般可选用戊二醛熏蒸发生器，对戊二醛消毒液进行熏蒸处理；也可采用甲醛溶液、过氧乙酸溶液或氯制剂进行熏蒸处理。其工艺参数详见各自的产品说明书。

4. 舍外卫生消毒设施及工艺参数的落实

（1）舍外墙根至墙外 1.5m 的地方用手推车装载生石灰或漂白粉进行撒布消毒处理。

（2）舍外清洁道用高压冲洗机将清水高压冲洗干净后，即可选用 3％火碱溶液、过氧乙酸溶液、戊二醛溶液等进行喷雾消毒。其工艺参数详见产品说明书。

（3）舍外污染道用高压冲洗机将污染道高压冲洗干净后，可选用 3％火碱溶液进行喷洒消毒，也可选用新鲜生石灰撒布进行消毒。

（4）粪道及粪场可选用生石灰或漂白粉撒布的方法进行消毒，一般为 2 天 1 次。有疫情发生时可 1 天 2 次撒布消毒。

（三）要点监控

1. 制度完善

要编制带有绩效考核内容的限制媒介传播制度和 5S 卫生消毒制度，要特别注意对人员、车辆、物品、舍内及舍外进行卫生消毒的有效性和可行性。

物品的消毒

饲料的消毒

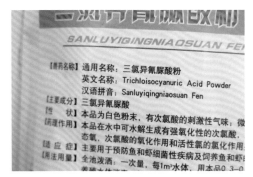

饮水的消毒

工具的消毒

注射用具的消毒

2. 设备齐全

对落实卫生消毒制度和限制媒介传播制度所需的相关设施要给予落实，特别是生产区大门口消毒室所需的太阳能淋浴器、火碱槽、戊二醛熏蒸机、高压冲洗机等设施要双倍数量给予落实。

3. 责任到位

在各个卫生消毒的关键点环节要将有关责任落实到员工头上，认真执行全员绩效考核的计划、实施、考核及反馈四步内容；使卫生消毒设施充分发挥作用，使卫生消毒制度得以实施，使限制媒介传播制成为有效的行动准则。

（四）事后分析

1. 要配齐各种消毒设施

一般讲，优质的卫生消毒设施决定消毒效果，故在各个关键的卫生消毒岗位上，要配齐足够数量的优质消毒设施。

2. 要推广单元式全进全出制

为有效控制场内病源微生物的数量和种类，要执行全进全出制，以利发挥卫生消毒效果。

3. 要推广 5S 管理活动

要提高全体员工对 5S 管理的认识，要三级领导带头参与到活动中，要落实每名员工的责任区域，要把 5S 管理和卫生消毒紧密结合起来，要每日、每周、每月进行检查评比，要每月底都进行奖惩兑现，以利形成全员自觉卫生消毒的素质和氛围。

舍内的消毒

生石灰多用于地面的消毒

猪舍内喷雾消毒

高压冲洗是消毒的主要内容

全进全出才能有效消毒

传统的清粪模式 (1)

舍内的清粪操作

第六节　粪肥资源化设施的选定

一、知识链接

"走种养结合的循环经济之路"

猪场粪污对周边环境的污染是制约猪场发展的主要因素之一。对此，猪场投资方高层要改变思路，将投资大型污水处理设施的财力、人力转投到种植基地的建设上来。

对于种植基地的建设，可以考虑当地的特色和优势种植品种；优先考虑所需人工少、适合机械化作业、耐肥力强的农作物、果树、蔬菜或牧草产品。

推粪到粪场

对于液态粪的资源化利用，不仅能够节省大笔污水处理设施的投资，减少运营费用，而且还能在种植环节上产生极大的经济效益。

如果一个万头猪场配套 500 亩种植基地，每亩投入设施 4 000 元，则一次投入200 万元；日常运行成本每亩按 500 元计，为 25 万元。

如果每亩收益为 2 000 元，年收益为100 万元，扣除成本 25 万元，每年纯收入达 75 万元，3 年即可收回成本。

铲车在粪场装车

由粪污处理设施转为粪肥资源化设施，猪场不仅可以从专业养猪中获取利润，还可从种植绿色产品中得到收益，形成了真正双赢的循环农业经济发展模式。

二、粪肥资源化设施选定的四步法

（一）舍内清粪设施选定的四步法

1.事前准备

（1）漏缝地板类型选择的准备。

拖拉机在拉粪

（2）舍内地面高度选择的准备。

（3）猪栏长宽设计选择的准备。

（4）节水型饮水设备选择的准备。

（5）粪尿分离机械及刮粪设施选择的准备。

2.事中操作

（1）猪栏圈内采用局部漏缝地板。

① 粪沟与实心地面1.5∶1为宜。

② 设置实心地面方便猪群采食和休息。

③ 粪沟内要安装刮粪机械。

④ 育肥舍粪沟宽度在3~4m为宜。

⑤ 保育舍粪沟宽度在1.5~2m为宜。

⑥ 产床下粪沟宽度在1.1m为宜。

⑦ 限位栏粪沟宽度在1.0m为宜。

（2）要抬高猪舍地面整体高度。

传统猪舍的粪沟往往低于地平面，造成粪污很难排出；如果将猪舍地面整体抬高60~100cm，不仅有利于猪舍通风、干燥、排水、防鼠，还有利猪舍内粪污的排出。

（3）采用长方形猪栏设计。

现多采用长方形猪栏，长宽比为（1.5~2）∶1；这样布局可有效形成排泄区和采食休息区。猪在漏缝地板上排泄粪尿，在实心地面上采食休息，保持了栏圈的干燥卫生。

（4）采用节水型饮水设备。

现广泛使用的鸭嘴式饮水器，在饮水时浪费很多，不仅使猪舍地面潮湿，还增加了后续的污水处理量。故此，现多采用饮水碗及干湿饲喂器，以达到猪舍干燥和减少污水处理量的目的。

（5）采用粪尿分离机械刮粪模式。

① 其是指在建设粪沟时，保持整条粪沟有1°左右的坡度，并在粪沟中心安装一条粪尿分离管，并使粪沟横截面呈"V"字形，

传统的清粪模式 (2)

污水从地窗口流出

猪尿流入沼气池

污水流入污水池

要有雨污分流的设施

使粪沟两侧到中心粪尿管保持 1°~2° 的坡度。这样猪尿能够自动流到粪沟中心的粪尿分离管中，并收集到舍外总管内。

② 对排泄到粪沟中的固态粪，可通过每天 2 次定时的机械刮粪形式清除到舍外的固定地点；如果再安装了猪舍之间的机械刮粪设施，则可将各舍的固态粪统一清理到指定地点，进行下一步的各种处理过程。

3. 要点监控

（1）要优化实心地面设计。

① 实心地面的摩擦系数要适中，太滑或太粗糙均易伤猪蹄；要求在地面抹平的最后一道工序时，不能用铁抹子收光，而要用木抹子收光为宜。

② 实心地面要具有一定坡度，有利于积水和积尿的排出，实心地面的坡度一般要保持 2° 左右。要注意将实心地面与漏缝地板交界处做圆滑处理，防止猪只活动时损伤猪蹄。

③ 在长江以北地区，不论何种猪舍，在猪只休息的实心地面均要考虑铺设供暖电缆或水暖管道；在长江以南地区，推荐在保育舍铺设或安装加热电缆或水暖管道。

④ 寒冷地区推荐猪舍实心地面下面铺设挤塑板保温层，然后在其上面再铺设水暖管道；这样才能达成有效保持舍内地面温度适宜的效果。

（2）不同漏缝地板要搭配使用。

详见漏缝地板选定章节内容，略。

（3）严把粪沟机械清粪的施工质量关。

① 机械清粪工艺能否顺利进行的关键是粪沟地面的平整度、斜度及排液管的施工工程质量，以及缆绳的配备、传动机构及转角的耐用度等关键点的质量达标。

现代猪舍的漏缝地板

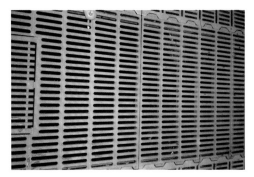

铸铁漏缝地板

水泥预制漏缝地板

塑料压制漏缝地板

钢筋焊制漏缝地板

② 为了避免粪沟的不均匀下沉，要求粪沟填土必须用夯机夯实，然后在铺设混凝土时，要加设钢筋网。为了提高刮粪效果，建议进行水磨石处理，以提高光滑度。

③ 猪场确定采用刮粪板工艺前，要做好该系统设施的市场调研及用户反馈。以便购买到最好的刮粪机系统，使这一决策的实施效果达到预期目标。

4. 事后分析

（1）中小型猪场舍内清粪工艺的选择。

① 中小型猪场的产房和保育舍采用分单元饲养方式，往往一栋舍有数个小单元的建筑格局，不便于安装机械刮粪设施，可以考虑水泡粪工艺，具有结构简单、成本较低的特点。在每一个生产周期过后，利用空栏时间，彻底排空粪池，冲洗干净。

② 妊娠母猪、空怀母猪、后备母猪、育成育肥猪的猪舍，由于猪粪排泄量大，人工清粪工作量也大；且比较方便安装机械刮粪设施，故推荐采用机械刮粪工艺。

（2）大型猪场舍内清粪工艺的选择。

① 大型猪场的产房和保育舍虽然采用了单元饲养方式，但一般产房和保育舍的面积较大，而且独立成栋，比较方便安装机械清粪设施，故推荐采用机械刮粪工艺。如果猪场周边具有大面积的液态粪污消纳耕地，也可选择水泡粪工艺，但舍内的通风设施要进行优化处理。

② 妊娠母猪舍、空怀母猪舍、后备母猪舍及育成育肥舍均推荐采用机械刮粪板干清粪工艺。

机械清粪的各个部件

减速机

四周拐角部件

牵引绳

刮粪板

各种粪池的图片

（二）液态粪资源化设施选定的四步法

1. 事前准备

（1）严格雨污分离设施的准备。

（2）从生产上减少液态粪产生的准备。

（3）减少清洗消毒用水的准备。

（4）修建厌氧处理设施的准备。

（5）沼液资源化利用的准备。

（6）液态粪自然干燥设施的准备。

2. 事中操作

（1）严格雨污分离设施的操作。

一个万头猪场，猪舍建筑面积为 1 万 m^2 左右；按年平均降雨量为 1 000mm 计，如果未能做到雨污分离，屋檐水进入液态粪中，将增加 1 万 t 左右的污水量。如要做到雨污分离，可对液态粪采用 PVC 管道进行全封闭；还要每 20m 建一个上口高于地面的沉淀池，并用水泥盖板封闭，既要留有排气孔，还要防止老鼠进入。

（2）从生产上减少液态粪的操作。

① 要减少猪饮水时的浪费。使用鸭嘴式饮水器，浪费饮水严重。目前采取的措施是采用防溅水的饮水碗，因其符合猪只饮水的习性，故已被众多猪场所接受。

② 要减少冲栏、冲粪的用水浪费。可在猪舍设计时，采用免冲栏技术；并推广粪沟内粪尿自动分离机械刮粪的干清粪技术。

（3）从空舍清洗消毒上减少用水量。

① 猪群转出后，要及时采用人工干清扫法，清除圈栏内残留的猪粪，防止过多的固体粪污流入污水系统。于清扫之前要喷洒清水或消毒剂，以防止扬尘发生。

② 在高压冲洗前 2~4h，先用少量的水将栏舍与地面全部喷湿，达到软化粪污的目

粪池（1）

粪池（2）

粪池（3）

粪池（4）

的，使其便于冲净。在高压冲洗时，要做到干净、彻底、物见本色、不留死角。

③ 猪舍进行消毒时，先用喷洒消毒剂的方法进行消毒；然后用火焰消毒器对重点金属、混凝土部位进行燃烧消毒；最后选用戊二醛发生器或臭氧发生器进行熏蒸消毒。

（4）修建厌氧处理设施的操作。

① 猪场修建沼气发酵设施的主要目的不是为了获取沼气，而是利用厌氧发酵来杀死有害微生物，为下一步还田做准备。

② 软体沼气发酵池是近年来集新技术、新工艺、新材料于一身的工厂化沼气池。其具有成本低、气密封性好、质量轻、可折叠等特点，已被广泛重视和试用。

③ 中小猪场需要修 2~3 个沼液贮存池，其大小要视可接纳 2~3 个月的排量设计；而大猪场要按半年的排量设计。存储池底均要铺塑料防渗膜，防止污染地下水。

（5）沼液资源化利用的操作。

沼液资源化利用最关键的因素就是猪场周边是否具有足够的土地面积消纳沼液。现计算如下。

① 万头商品猪场不同清粪工艺条件下沼液中年氨氮总量计算。

项目 \ 工艺	日液态粪污量(t)	年液态粪污量(t)	沼液氨氮浓度(mg/kg)	沼液年氨氮量(t)	沼液年总氮量(t)
水冲粪	150	54750	900	49.28	61.60
水泡粪	60	21900	1008	22.08	27.60
干清粪	30	10950	522	5.72	7.15

注：1. 沼液还田主要考虑氮、磷、钾三种元素的含量，在农业生产中，农作物对其的需求比例为 1：0.5：0.25；由于沼液中氮的比例远远高于上述比例，故此，通常用总氮量做为限制性参数。
2. 因沼液中氨氮含量通常占总氮量的 80%，故求沼液中的总氮量需用其氨氮总量 ÷80% 即得。

粪水分离的设施（1）

猪粪固液分离机（1）

猪粪固液分离机（2）

猪粪固液分离机（3）

猪粪固液分离设施（4）

② 不同农作物、牧草平均施氮量。

农作物品种	施氮量（kg/hm²）	牧草品种	施氮量（kg/hm²）
水稻	205.6	杂交象草	1000
小麦	185.7	黑麦草	500
玉米	196.3	紫花苜蓿	103.5
油菜	175.9	苏丹草	492.3
花生	117.7	鲁梅克斯	600
蔬菜	304.4	黑西哥玉米	600
甘蔗	520.2	皇竹草	1400

注：a. 农作物施氮量为每茬施氮量。

b. 牧草中杂交象草、皇竹草为全年施氮量，其他牧草为每茬施氮量

③ 以一个年出栏万头商品猪为例，占地 13hm² 左右，建筑面积为 1hm²（10 000m²），如采用机械干清粪工艺，从理论上说猪场空余的 12hm² 土地种植牧草即可将沼液进行全部消纳。种植的牧草可以补充部分饲料饲喂母猪，能够显著提高母猪的健康水平；剩余部分出售用于牛、羊、鹅的饲喂，这才是真正意义上的循环农业经济。

3. 要点监控

（1）在建场之初就要有节水设计。

① 一个场如果沿用水冲粪工艺，则万头猪场日用水量需要 150t 左右。

② 一个场如果沿用人工干清粪工艺，在实际生产中，工人习惯清粪后用水冲栏，则万头猪场日用水量为 80~100 t。

③ 在建场之初，就要设计免冲栏及机械清粪工艺，万头猪场的日用水量可控制在 30t 之内。

粪水分离的设施（2）

猪粪固液分离机（1）

猪粪固液分离机（2）

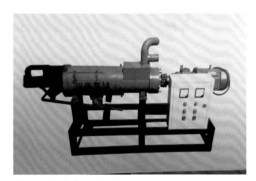

猪粪固液分离机（3）

正在新建的猪粪固液分离设施（4）

（2）不能将固态粪和液态粪混为一谈。

① 固态粪一般采用堆肥处理，适宜制作有机复合肥，能够远距离运输，能产生经济效益和社会效益。其不构成污染源。

② 液态粪主要是少量溶解在水中的粪便，其污量大，肥效低，运输不便。故此需在猪场周边的土地上进行消纳，一旦处理不好，将可造成严重污染。

③ 液态粪厌氧发酵是消纳还田的前提

液态粪厌氧发酵不是为了获取沼气，而是在厌氧发酵时，消灭了有害微生物；为下一步消纳还田获得了通行证。当然，也可考虑臭氧水处理杀菌设施、贮存设施和水肥一体化喷灌设施等配套选定内容。

4. 事后分析

（1）随着养猪业第二次革命的开展，猪场经营管理者要改变思路，将投资污水处理设施的财力、人力转投到猪场周边种植基地的建设中来。

（2）对于种植基地的建设，可以综合考虑当地的特色或优势种植品种，优先考虑所需人工少，适宜机械化作业、耐肥力强的农作物或牧草品种。

（3）对液态粪的资源化利用，不仅能节省大笔的污水好氧处理设施的投资，减少运营费用，还能在种植环节产生很好的经济效益。故此种养结合一体化是未来我国养猪业的发展方向。

（三）固态粪资源化设施选定的四步法

1. 事前准备

（1）固态粪贮存设施建造的准备。

各种类型饮水器

水碗式饮水器

鸭嘴式饮水器

乳头式饮水器

水泥槽饮水器

（2）固态粪条垛堆肥生产的准备。

2.事中操作

（1）固态粪贮存设施建造的操作

① 贮存设施的建造型式。目前半地上建造贮粪池已成为国内、外流行的趋势，因其即可防止渗漏造成地下水的污染，又便于下道工序的进行。

② 猪场每日排固态粪的计算，经验证明：猪群每采食 1t 饲料，即可排出 1t 固态粪。那么，年提供 1 万头 121kg 育肥猪的猪场，其料肉比为 3 : 1 的话；$10000 \times 121 \times 3 = 3630t$，则每日产固态粪为 10 吨左右（采食饲料量也同上）。

③ 贮粪池高度的设计。增加贮粪的高度可减少占地面积，但太高又增加了清粪运输的难度。故一般池高以 1.7m 高为宜，地下部分为 0.5m，地上部分为 1.2m；粪池上部要设防雨顶棚，以防雨水渗入。

④ 贮粪池建造的其他工艺参数，贮存期按 3 个月计，防渗采用 10cm 厚混凝土，四周砌 170cm 砖墙，顶棚铺设石棉瓦；贮粪池三面砌墙一面开口，池内距开口 3m 处建有坡道。

⑤ 贮粪池相关系数一览表。

年出栏育肥猪（头）	日产粪数量(t)	季产粪数量(t)	贮粪池面积（m²）	贮粪池长×宽（m）
3 000	3	270	180	18×10
5 000	5	450	300	30×10
10 000	10	900	600	60×10
20 000	20	1800	1200	120×10

注：在贮粪池的长轴，每隔 5m 建一分隔墙，以利于不同水分固态粪的小池专贮

地基抬高的效果

机械清粪在地面上进行

粪沟高于地面

污水便于流出

减少了后续处理难度

（2）工厂化猪粪堆肥生产的操作。

此方法适用于规模化猪场采用。

① 设备。

带棚肥料厂房，发酵槽（槽底布满通风管道）、翻堆机、鼓风机、输送带、搅拌机、手推车、拖拉机等。

② 原料。

粉末状秸秆、新鲜猪固态粪、磷肥（除臭剂）、发酵剂等。

③ 高效分解菌的准备。

直接购买商品菌种备用。

④ 猪固态粪有氧发酵前预处理。

取新鲜猪固态粪（水分含 70%~80%）、粉末状秸秆类混合物（水分含 2%~5%）、磷肥（除臭剂）、高效分解菌等，按重量比例为 75：20：4：1 混合均匀。

⑤ 一周初期发酵。

将上述混合物填入发酵槽进行初期发酵，每天用翻堆机翻倒一次；并用鼓风机向槽底通风管内送风，7 天后即可出槽。

⑥ 堆贮发酵与筛分。

将经过 7 天初期发酵的产物进行堆贮，其堆贮时间为 30 天；堆贮后可进行风化，风化至水分达 25% 时进行筛分，检出石块、铁器等非有机肥成分即得。

⑦ 复合有机肥的制造。

将筛分合格的有机肥进行粉碎，根据测土配方加入氮、钾等无机肥，混合均匀后经造粒等程序，即可形成复合有机肥。

3. 要点监控

（1）固态粪贮存设施建造的监控。

① 建造地点要远离湖泊、小溪、水井等水源地，以免对地表水造成污染。有关规

"V" 型粪沟的地基

要有水泥混凝土的基础

要坚固平坦

纵向要有 1°~2° 的坡度

横向要有 "V" 形坡度

定为远离地表水距离 400m 以上。

② 猪粪贮存地点要设在猪场下风处隔离区的地段上，这样既便于贮存，又不影响猪场内卫生环境的控制。

③ 猪粪贮存处与猪舍要留有足够的距离，以防蚊蝇、鼠雀的变相污染和猪粪微生物随气溶胶带入猪舍导致感染。

④ 要严格控制净道与污道交叉，以免饲养人员、饲养工具、车辆等将病源微生物带入舍内，引起猪群感染。

⑤ 固态粪贮存池除主体建筑外，还需考虑配套设施，如防雨设施，如每 5m 一个隔断池，池外水泥道面等配套设施一应俱全。

（2）工厂化猪粪堆肥生产的监控。

① 猪固态粪与秸杆粉的掺和比例。

其掺入量视猪粪含水量而定，渗和后的物料含水量以 35% 为宜；也即手捏成团，手指缝见水不滴水，松手一触即散；水大了宜酸变，水小了发酵时间长且不完全。

② 要添加玉米面、菌种和除臭剂。

添加玉米面是给菌种扩繁供给糖分，一般每吨发酵料添加玉米面 5kg；菌种是能产生多种酶的耐热型的 100 多种菌种，对人畜无害，无污染；除臭剂为磷肥，一般按 4% 添加即可。

③ 一周的初期发酵。

槽内温度可达 60~70℃，可杀死大肠杆菌、寄生虫卵等多种致病微生物；然后臭味消失，接下来长满白色菌丝，并发出酒香味。此期要每天用翻推机翻垛一次，并要用风机均匀送风，以保证充分好氧发酵。

④ 一个月工期的堆贮与筛分。

堆贮时间一般为 20~30 天，堆贮时要注意通风换气，每周翻堆一次，确保好氧发酵的效果。待最终发酵成熟后要进行开堆晾晒

减少液态粪的措施

不准冲栏

雨污分离

避免饮水器漏水

粪尿及时分离

或风干,待水分达25%时要进行认真的筛分,捡出石块和铁器,为下步制粒消除隐患。

4.事后分析

堆肥发酵处理是使猪粪变废为宝的好办法。堆肥发酵后的物料被腐熟,病原菌、寄生虫卵等有害微生物被大部分消灭,重金属的稳定性大增,有机质分解成易于农作物吸收的分子,恶臭味基本消除。

生产的有机肥能改善土壤有机质的含量,增加植物的营养供给,具有循环农业经济的资源效益和社会效益。特别符合新农村生态和谐环境的政策规定,是猪场可持续发展的重要基础。

附注:有机肥处理机发酵法

有机肥处理机通常采用密闭高温发酵法,与堆肥好氧发酵法比较,其突出优点主要如下。

(1)当天产生,当天处理。

其采用高温发酵法处理固态粪,仅需24h即可完成无害化处理过程,显著加快了粪污的处理速度,节省了人工和场地。

(2)发酵密闭可控。

其发酵处理过程在密闭的处理机内,槽内温度、湿度、pH值均可控制在最佳状态,实现了自动化和连续化。

(3)处理过程无三废、零排放。

高温发酵过程可快速杀灭病原微生物,发酵过程产生的氨气、硫化氢可通过空气净化处理,使周围环境不会发生二次污染。

现代粪污处理工艺

固液分离

堆肥发酵

厌氧发酵

水肥一体化

孔式大棚的外部任象

长度

附：大棚养猪与设施改造

一、简介

自20世纪80年代以来，聚乙烯等石油化工产品的充足上市，推动了我国塑料大棚保护地生产的发展；同时开放型、半开放型猪舍冬季保暖防寒性覆盖，也在民间自发性地悄然进行。

随着畜牧科研部门猪舍外围护改造课题的介入与指导，大棚式养猪逐步走上正轨；特别是黄淮海至东北地区的大棚养鸡、大棚养猪成了民间散户养殖的主要饲养方式。其并对大棚养猪设施总结出如下优点：

造价低，密度小；

易通风，保温好；

四点定位圈干燥；

粪沟在外病原少。

宽度

二、大棚养猪产生优势的原理

（一）造价低，密度小

首先要说明，不是所有大棚养猪都具有上述优点的。下面介绍的孔式大棚养猪确实具有其独到之处。

1. 孔式养猪大棚的外围护结构

（1）其全场有六个大棚，每个棚长是135m，棚宽13.5m，棚高5m。

（2）地面被水泥被覆，棚中心至承重墙坡度为1°~2°。

（3）两侧承重墙南北走向，墙高1.4m，墙宽0.2m，为水泥空心砖垒砌而成，内外侧均涂抹水泥砂浆。在其根部即水泥地面最凹处设有若干个均匀分布的高15cm，宽30cm

承重墙

大棚

的地窗，用于通风和清粪。

（4）两侧承重墙上，每隔3.0m安放一个大棚龙拱架，其两个支点之间宽13.7m，其拱架最高点为3.6m。

（5）其棚顶的铺设处理如下。

① 各个龙拱架横向捆绑3.5~5.0cm粗的竹竿进行固定，各个竹竿间距宽0.3m，再用细竹竿进行纵向固定。同时在拱棚最高处每隔10m留出安装非动力通风器的位置。

② 在龙拱架与竹竿上面铺设第一层塑料布，其宽度盖至承重墙上方80cm处；然后自承重墙向上另铺设一层塑料布将80cm空间覆盖（其塑料布交接处用于通风）。

③ 在第一层塑料布上铺设第一层5cm厚的防火棉，其铺至承重墙上方80cm处，并加以固定。

④ 在第一层防火棉上铺设第二层塑料布，其铺设方法如第一层。

⑤ 在第二层塑料布上再铺设第一层防寒毯，其下缘沿至承重墙；冬季可用于夜间防寒用，夏季可拉上去80cm，以用于塑料大棚的采光和通风。

⑥ 在第一层防寒毯上再铺设第二层防火棉至承重墙上方80cm处，并加以固定。

⑦ 在第二层防火棉上再铺设第二层防寒毯，至承重墙上方80cm处，并包裹其下层的防火棉边缘。

⑧ 用市售0.5cm粗的聚苯乙烯强力绳在两个龙拱架之间进行捆绑固定，其固定点设置在承重墙的1.1米处。

⑨ 在棚顶预留的通风孔上，安装无动力旋转通风器，每隔10m安装一个。

⑩ 用水泥砂浆对第二层防寒毯进行喷涂处理，以达到保暖、防晒、防雨又防火的效果。

孔式大棚的通风

地窗口

两层塑料布的交接处用于通风

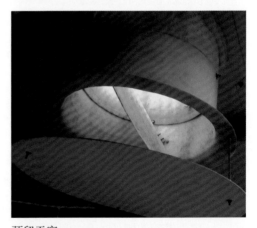

预留天窗

处于高侧山墙的烟筒通风效应

2.造价低，密度小

养猪场采用舍饲方式，不管采用何种材料，这种孔式大棚都是最廉价的。故此，在经济上允许降低饲养密度，并由此减轻了猪群发生呼吸道病的几率。

（1）产房。

其大棚内有纵向一个过道，宽为1.5m，两旁各为6m宽的产房；每个产房栏长度为2m，也即长宽比为1∶3，每个母猪在产房占地面积为12m²。

（2）保育舍。

在产房内设置60cm×80cm和80cm×150cm两个保温箱，小的用于哺乳仔猪保温用，大的为保育猪保温用。每个保育猪占地面积为1.0~1.2m²，饲养至25kg左右。

（3）育成育肥舍。

其大棚面积与产房相同，为长135m，宽13.5m，占地面积为1 822m²，一般饲养25~115kg的育成育肥猪1 000头，每头占地1.8m²。

（4）空怀、后备、妊娠舍。

其大棚面积与产房相同，内分100个小栏，为半限位饲养，每个母猪占地面积为4m²；公猪占地面积为12m²。

（二）易通风，保温好

1.通风换气的设计

该孔式大棚具有两种进风孔和两种出风孔，现分别介绍如下。

（1）进风口的设计。

①地窗口。

由于其距离猪只躺卧区4m以上，加上对流作用很弱。故除了冬季以外，其他季节均可全天开放，用于通风换气。

孔式大棚的搭建（1）

承重墙高1.4m

间隔3m安放一个拱架

拱架长14m

拱架高3.6m

② 承重墙上塑料布连接处的通风口。

其在冬天的夜间是封闭的，并要在上面盖上防寒毯；而在白天要拉开防寒毯利用太阳能升温。有时为了换气性通风，也要在背风向阳处，开一些缝隙通风。

而在其他季节，基本上是一侧或两侧打开不同的空隙用于通风或对流式降温。

（2）排风口的设计。

① 在孔式大棚棚顶的最高处，每间隔10m左右，安装一个无助力风机；常年对棚内空气进行对外排放，并对地窗口的进风进行负压促进。在冬季可酌情关闭其下侧的通风口，以控制大棚内的空气交换力度。

② 孔式大棚长为135m，其两端山墙高度相差5m左右，是顺坡建造的。这样做的好处是：一是节约了建场初期三通一平的费用；二是减轻了人工清粪、上料的劳动强度；三是大棚本身就是一个烟筒式的设计，站在高端的山墙门口，面向棚内，有徐风扑面的感觉，特别是低端山墙打开门窗通风时，效果更加明显。

2. 防寒防暑的设计

（1）防寒。

① 太阳能的利用。

对太阳能的利用是大棚养猪的优势，孔式大棚的两侧双层塑料布结构不但起到自然光照的作用，也起到冬季升温供暖的作用。

② 利用猪舍跨度大的地温差。

孔氏大棚给每个栏圈提供6m不同的地温差的地面，经试验得知：当靠近承重墙地面为5℃时，其延至过道的每米地面温度分别6.5℃、8.0℃、9.5℃、11℃、12.5℃。这就为猪群提供了适宜的躺卧区，这也是为什么冬季猪群躺卧在靠近过道近2m处的原因。

孔式大棚的搭建（2）

拱架间绑竹竿横向、纵向固定

上铺两层塑料布、防火棉、防寒毯

棚顶用聚苯乙烯绳加以固定

之后喷水泥浆固定

（2）防暑。

① 防夏天热幅射。

孔式大棚的棚顶是由两层塑料布，两层防火棉、两层防寒毯等物质组成，可抵挡 30℃高温的热幅射；再加上 5m 高的缓冲对流空间，其外温即便达到 35℃，猪群实际感受到的身感温度也不会超过 28℃。

② 对流通风的采用。

当孔式大棚的外温达 28℃时，其承重墙两侧的塑料布就会完全打开，就会形成对流通风的降温模式，尽量减少猪群对高温的不适。

③ 隧道烟筒式通风的采用。

当孔式大棚的外温达 30℃时，其大棚两侧山墙的隧道式通风模式就会开始启动，确保大棚内猪群安然无恙地渡过高温中暑期。

（三）定位管理舍干燥

1. 定位管理

（1）四区定位是猪群的生活习性之一。

猪群的生活习性之一，就是选择适宜的区域做为躺卧区、采食区、社交区、排泄区等。而在舍养时，当猪群密度小于 $1.2m^2$/头时，就很难满足育成猪只四区定位习性的需求。

（2）猪群密度小时有利于四区定位。

① 孔式大棚饲养育成育肥猪的密度为 $1.8m^2$/头，当栏圈长宽比为 1：（2~3）时，即很容易满足其四区饲养定位的习性需求。

② 孔式大棚饲养产仔母猪的密度为 $12m^2$/头，其饲养后备、空怀、妊娠猪的饲养密度均为 $4m^2$/头，加之栏圈长宽比为 1：3 时，即很容易满足各类繁殖猪群四区定位生活习性的需求。

造价低、密度小

产房长 6m、宽 2m

哺乳母猪躺卧区设有保温箱

哺乳母猪的活动区

哺乳母猪的饮水和排泄区

2. 舍干燥

（1）四区定位有利于舍干燥。

① 其排泄区位于承重墙地窗口，每日1~2次及时清粪，有利于舍内清洁和空气新鲜。

② 承重墙下地窗口位于舍内最凹处，猪只排泄的尿液可顺流而下，排到舍外排污沟内。

③ 饮水器距离地窗口2m左右，鸭嘴式饮水器漏下的水滴也可在1°~2°的斜坡上往地窗口流至舍外排污沟内。

（2）舍干燥则病原少。

① 舍干燥则舍干净。

孔式大棚执行干清粪及节水工艺，其污染水或液态粪很少；加之猪群的四区定位管理，则猪舍必定干净。

② 舍干净则病原少。

病原体的繁殖是需要适宜的温湿度的，清洁干燥的猪舍环境和很小的饲养密度则限制了病原的繁殖和传播。

（四）粪沟在外病原少

1. 粪沟在内的缺点

（1）病原体的存活期延长。

无论是水冲粪、水泡粪或机械清粪等何种模式，均在舍内设地下排污沟或清粪沟，其主要的弊端必然是隐蔽处无法消毒或消毒不彻底。在此处存在的病原体可延长存活期达数月之久，并可随空气气溶胶感染新进猪群造成混感症的延续发生。

（2）后续处理费用增加。

① 液态粪增多。

通过水溶液冲洗或带走粪便，只能增加用水量；加之空舍冲洗消毒用水，都可大量

打造出有利于猪群的舍内环境

利用太阳能，舍温适宜

两山墙不等高，具有烟筒效应

大棚跨度大，躺卧地面温度适宜

大棚顶高，具阻断、缓冲冷热空气传导效应

增加液态粪的数量，这就是猪场污染区域环境的主要根源。

② 后续处理费用增加。

采用工业废水的处理方法，其不但投资巨大，且由此所产生的费用大于猪场的盈利，故此路不通。

采用厌氧发酵处理液态粪的方法，也存在建造发酵池、沼液贮存池费用大和消纳土地不配套、相关工艺不成熟等诸多难题。

（3）标榜先进暗藏隐患。

① 许多猪场为了生产方便，将排粪沟设置在室内，并将其作为先进工艺的标志，所谓的自然养猪法更将其发展到极致。岂不知花费大量资金从国外引进的养猪设备，如不锈钢漏缝地板、水泡粪等技术与设施，正是造成这些猪场倒闭的直接原因。

② 实践证明：使用阴沟化排粪尿沟技术，就相当于把各阶段猪群混养在一起。因其蓄积了不同阶段的病原，不仅极易出现散发性疫情，而所谓的全进全出也只能是个口号而已。

2. 粪沟在外的优点

（1）便于操作，有利杀灭病原体。

① 孔式大棚在舍外靠近承重墙处用水泥砂浆铺设粪尿沟，每日只要将猪固体粪便经地窗口清出舍外并及时运走，每天产生的液体粪便必然会顺流而下，流入厌氧发酵池中。

② 经试验发现：清除固体粪便后的粪沟，经紫外线照射 1~6h，其残留在舍外粪沟上的病原体即可被杀灭死亡。而存在于舍内阴沟中的病原体则要存活数月之久。

（2）省力省钱，减少污染。

① 由于孔式大棚是座落在 3°~5° 的顺坡上，故由高向低清理及运送固态粪到贮粪

粪沟在外病原少

在排泄区设饮水器

在排泄区最洼处设地窗口

粪沟设在承重墙外

粪沟顺坡宜清粪

池待售成了轻而易行的事情。

②在粪沟通往厌氧发酵池过道的适当位置设立闸门，一旦下雨，将大棚流下的雨水引导排泄到场内隔离区养鱼池内，以尽量减少液态粪厌氧发酵所需发酵池及贮存沼渣罐的压力。

三、现代养猪设施的引进改造

虽然孔式大棚养猪具有诸多优点，持续生产20年而不衰，但是随着现代科技的发展，其尚需引进以下一些必要的设施，以达到跟上形势、锦上添花的效果。

（一）环控设施的升级改造

1. 冷暖床

此为中国农大的科研成果，可在育成、育肥及成年猪舍采用；其与地暖的PC管设施相同，不同之处在于采用15℃左右的地下水为介质，达到冬暖夏凉的躺卧温度。

2. 电热床

此为韩国炕在养猪保育舍的应用，其与地暖设施基本相同；不同之处是采用电热线作为热源，辅加温控点，两档温度调控开关等设施，达到有效温控的效果。

3. 高压喷雾机

（1）其是近年来抵抗外界高温的有效武器，具体分为高压泵、过滤器、管道、喷雾嘴等四部分。在舍内出现30℃高温时启动降温系统，在躺卧区上方的喷嘴即可喷出雾状的水气，其漂浮在舍内空间吸收热量而达到降温效果。

（2）平时高压喷雾机定时喷雾可使空中带有灰尘，病原体的气溶胶迅速下沉至地面，进而达到净化舍内空气的目的。

环境控制（1）

密度小，呼吸道病少

通风好，猪群健康

保温好，猪群长得快

地温适于猪群躺卧休息

（二）饲养设备的升级改造

1. 饮水碗

因其在养猪生产中的优势越来越明显，而逐步取代水泥水槽和鸭嘴式饮水器。

2. 液体饲喂器

在保育仔猪阶段采用液体饲喂方式，其效果明显好于干粉料饲喂方式。故此，可根据猪场具体情况决定是否采用。

3. 舍外机械清粪

随着现代清粪设施的不断完善，孔式大棚可在其棚外墙根处设置暴露型清粪沟及清粪机械来替代人工进行清粪。虽然看似没有所谓现代猪场的舍内粪沟美观好看，但其实用价值和自然消毒效果是不可比拟的。

四、讨论

（一）现代猪场的四大不稳定因素

为圆环病毒混感、蓝耳病毒混感、霉菌毒素慢性中毒和栖息环境恶劣。

（二）解决环境恶劣问题

就要解决水泥地面温度低、各种猪群密度大、冬季猪舍通风差和舍内阴沟病原体残留等问题。

（三）孔式棚养猪模式的意义

我国养猪的主力军为家庭猪场，其正面临生产设施更新换代的关键时期，孔式大棚养猪模式对其具有指导意义。

总之，孔式大棚有效地解决了猪舍基础建设的造价问题、密度问题、保温问题、通风问题、分区管理问题及病原体的有效杀灭问题，可使养猪生产稳步进行。其可谓是福利养猪回归派的典型代表，上述优势值得设施养猪现代派思考、借鉴。

环境控制（2）

空间大，便于分区管理

紫外线照射病原少

顺坡清粪省劳力

液态粪自流进入沼气池及污水池

下篇

在多面手的人才培训上夯实基础

内容提要

第三章
日常操作关键点的培训

后备母猪

一、内容提要

（一）猪场的 10 种猪群

（1）猪场的猪群分为两大类，即繁殖猪群和生长猪群。

（2）繁殖猪群包括：后备母猪、空怀母猪、妊娠母猪、哺乳母猪、成年种公猪和后备种公猪。

（3）生长猪群包括：哺乳仔猪、保育仔猪、育成猪和育肥猪。

空怀母猪

（二）日常操作的五大基本动作

（1）观察猪群。

（2）环境调控。

（3）上水上料。

（4）清粪清扫。

（5）统计记录。

妊娠母猪

（三）各类猪舍日常操作的 60 余个关键点动作

（1）后备母猪舍日常操作的 10 个关键点动作。

（2）空怀母猪舍日常操作的 3 个关键点动作。

（3）妊娠母猪舍日常操作的 10 个关键点动作。

（4）哺乳母猪舍日常操作的 10 个关键点动作。

（5）成年种公猪舍日常操作的 5 个关键

哺乳母猪与哺乳仔猪

点动作。

（6）后备种公猪舍日常操作的 5 个关键点动作。

（7）哺乳仔猪舍日常操作的 10 个关键点动作。

（8）保育仔猪舍日常操作的 6 个关键点动作。

（9）育成育肥猪舍日常操作的 4 个关键点动作。

（四）日常操作培训的方法

（1）每周一次的短期教学培训法。

（2）现场师带徒法。

（3）多面手人才的重点培训法。

（4）设施供应场家的现场培训法。

二、各类猪舍日常操作基础动作的四步法

（一）事前准备

1. 基本动作的了解

日常操作的基本动作又称饲养员上舍 5 件事，包括：观察猪群、环境调控、上水上料、清粪清扫和统计记录等内容。

2. 基本动作培训的准备

（1）新进员工对操作要点的掌握由各班组长以师带徒的方式进行传授。

（2）各舍员工在上舍前就要做好完成上述工作内容短期培训的准备。

（二）事中操作

1. 每日操作时间段

（1）5:30～7:00 为早晨操作时间段。

（2）8:00～11:30 为上午操作时间段。

（3）14:30～17:30 为下午操作时间段。

（4）18:30～21:00 为晚上操作时间段。

猪场的各种猪群（2）

成年种公猪

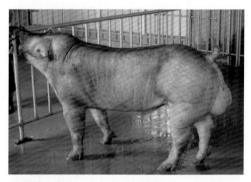

后备种公猪

保育仔猪

育成、育肥猪

2. 每个基本动作的操作时间段

（1）观察猪群。

为每个时间段都要进行的基本动作。

（2）环境调控。

为每个时间段都要进行的基本动作。

（3）上水上料。

① 生长猪群为自由采食，各个时间段都须进行。

② 繁殖猪群要依据各类猪群的不同需求，在不同的时间段上调整饲喂次数和饲喂量。

③ 各类猪群的饮水，要保证不断水、充足、优质和适温。

（4）清粪清扫。

① 一般为一天上、下午2次清粪清扫。

② 每周两次的大清扫多为周一的上午和周五的下午时间段。

（5）统计记录。

① 一般在下午离舍前进行统计记录。

② 依据不同的统计内容在不同的时间段进行记录。

（三）要点监控

1. 5 大基本操作

5 大基本操作可因各类猪舍的不同而不同，如妊娠母猪日喂2次，而哺乳母猪则日喂4次，且日饲喂量也有极大变化。

2. 60 余个关键点动作

带有各类猪舍具体操作特点的60余个关键点动作，在短期教学与师带徒的过程中进行传授，也是猪场采用的主要培训方式。

（四）事后分析

1. 饲养员上舍5件事是基本动作

观察猪群、环境控制、上水上料、清粪清扫和统计记录是各舍的基本动作。

2. 各类猪舍均有各自的关键点动作

在通用基本动作的基础上，各舍的关键点动作合计有60余个。

猪场的基本操作动作

观察猪群

环境调控

上水上料

清粪清扫

131

三抗二免的操作

第一节 繁殖猪群日常操作关键点的培训

一、后备母猪日常操作关键点的培训

（一）三抗两免的四步法

详见"引进猪隔离适应工艺"部分，略。

（二）有效隔离的四步法

详见"引进猪隔离适应工艺"部分，略。

（三）系统免疫的四步法

详见"引进猪隔离适应工艺"部分，略。

（四）驱虫保健的四步法

详见"引进猪隔离适应工艺"部分，略。

（五）限饲扩容的四步法

详见"引进猪隔离适应工艺"部分，略。

（六）健康检查的四步法

详见"引进猪隔离适应工艺"部分，略。

（七）后备母猪催情的四步法

详见"引进猪隔离适应工艺"部分，略。

（八）后备母猪查情的四步法

详见"引进猪隔离适应工艺"部分，略。

（九）同化适应的四步法

详见"引进猪隔离适应工艺"部分，略。

（十）配前补饲的四步法

详见"引进猪隔离适应工艺"部分，略。

附注：

（1）后备猪群是猪场的希望，故此将其排在第一位进行培训。

（2）因此内容在"引进猪隔离适应工艺"部分中已经阐述，故此仅将标题列出，以保持其章节的完整性。

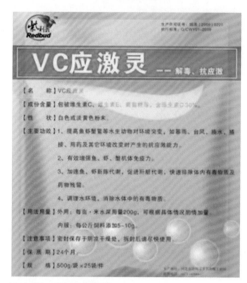

抗应激、抗混感用药

抗体检测

猪瘟疫苗的免疫

伪狂犬疫苗的免疫

二、妊娠母猪日常操作关键点的培训

（一）配后限饲的四步法

1. 事前准备

（1）保胎期限饲的培训准备。

（2）稳胎期限饲的培训准备。

（3）乳腺发育期限饲的培训准备。

（4）产前围产期限饲的培训准备。

2. 事中操作

（1）保胎期是指配后 4~35 天，在其膘情为 7 成膘时，日喂 2.2kg 左右。

（2）稳胎期是指配后 36~74 天，在其膘情为 7 成膘时，日喂 2.4kg 左右。

（3）乳腺发育期是指配后 75~90 天，在其膘情为 7.5 成膘时，日喂 2.3kg。

（4）产前围产期是产前一周，其膘情为 8 成膘时，日喂量逐步减少至 1kg。

3. 要点监控

（1）配后 0~3 天，日粮要控制在 1.8kg 左右，以利孕激素在血中含量达标。

（2）配后 75~90 天，要控制体况在 7.5 成膘以下，防止过肥导致乳腺泡脂肪浸润。

（3）配后 90~107 天，要日喂哺乳料 2.5~3.5kg，以确保产前 8 成膘体况。

（4）产前围产期要逐步减量或饲喂轻泻料，以防止产后便秘的发生。

4. 事后分析

（1）妊娠母猪的保胎期、稳胎期和乳腺发育期均是以限饲为主轴。

（2）限饲的标准是以 7~7.5 成膘的繁殖体况为基础。

（3）重胎期不应限饲，而且还要改为哺乳料，以保证母仔的发育与营养贮备。

（4）结合日常操作进行现场教学，则学员与员工的学习效果好。

配后限饲的操作

保胎期的饲料

稳胎期的合群

重胎期的操作

围产期的操作

保胎处理的操作

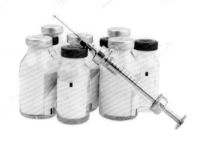

（二）保胎处理的四步法

1. 事前准备

（1）妊娠保胎知识的准备。

（2）妊娠保胎期栏圈的准备。

（3）妊娠保胎措施的准备。

2. 事中操作

（1）妊娠保胎期知识的传授。

妊娠开始至 10 胎龄左右为占位期，至 20 胎龄左右为着床期，上述阶段胎囊靠渗透子宫乳获得营养；当 30 胎龄左右形成了胎衣和脐带，胎儿方进入稳胎期。

（2）妊娠初期保胎知识的传授。

① 处于妊娠初期的母猪，在个体限位栏进行饲养，保胎效果最好。

② 在保胎期内不准免疫、不准驱虫、不准使用任何药物，不准饲喂霉败饲料，以防止其在子宫乳中对胎囊的毒害。

3. 要点监控

（1）严格限制日采食量。

配后 0~3 天，日采食 1.8kg 左右；配后 4~35 天，日采食 2.3kg 左右。

（2）不准使用任何药物。

在配后 0~35 天期间，不准使用任何药物和霉败饲料。

（3）当外温达到 28℃时，即要进入防高温、防流产程序，以利保胎。

（4）严禁跌打损伤。

要细心照顾配后母猪，严禁转群所致跌打损伤造成隐性流产。

4. 事后分析

（1）保胎期决定产仔数的多与少。

（2）重胎期决定新生仔猪的大与小。

（3）结合保胎操作进行现场教学则培训效果好。

保胎期不准免疫

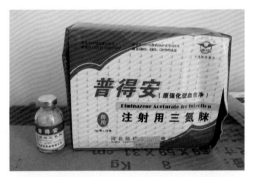

保胎期不准用药

保胎期严禁饲喂霉变饲料

保胎期严防中暑

（三）妊娠诊断的四步法

1. 事前准备

（1）目视妊娠诊断知识的准备。

（2）公猪妊娠诊断知识的准备。

（3）B超妊娠诊断知识的准备。

2. 事中操作

（1）目视妊娠诊断知识的传授。

在配后17~20天，母猪贪睡、性情温顺、阴门闭锁者，可初步判定妊娠。

（2）公猪妊娠诊断知识的传授。

在配后17~20天，配后母猪对公猪不理睬或厌烦者，可初步判定妊娠。

（3）B超妊娠诊断知识的传授。

在配后25天时，用B超机进行检查，当屏幕上出现特殊胎囊图像即可确诊。

3. 要点监控

（1）返情母猪特征的传授。

如果配后17~20天，母猪表现行动不安、外阴肿胀有黏液，当公猪赶至母猪栏圈附近时，其表现出强烈的交配欲；此时压背可出现静立反射，并可出现双耳向后竖起，后腿紧绷靠人的症状。

（2）B超妊娠诊断的传授。

可令待检母猪站立，检查者将B超探头抵其倒数第二个乳房根部上方2cm处，并不同方位的探查，以主机屏幕上是否出现特殊胎囊图像为准，判定该母猪是否妊娠。

4. 事后分析

（1）妊娠诊断是配怀工作的重要一环。

（2）配后17~20天，主要采用目测和公猪试情法进行初步妊娠诊断。

（3）在配种25天后，主要是采用B超法妊娠诊断，这也是要传授的主要内容。

妊娠诊断的操作

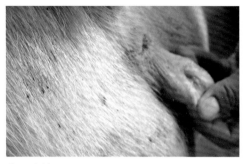

人工查情

公猪查情

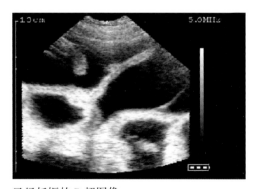

已经妊娠的B超图像

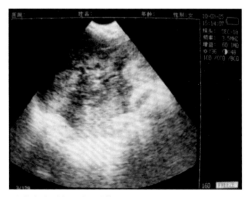

没有妊娠的B超图像

胃肠扩容的操作

粗纤维饲料：稻草

（四）胃肠扩容的四步法

1. 事前准备

（1）妊娠母猪胃肠扩容时间的确定。

（2）妊娠母猪胃肠扩容饲料的准备。

（3）妊娠母猪胃肠扩容方法的准备。

2. 事中操作

（1）胃肠扩容时间的传授。

妊娠后 35~107 天，加入粗纤维饲料进行胃肠扩容，以增加哺乳期采食量。

（2）胃肠扩容饲料选择的传授。

粗纤维饲料：麦秸

麦秸粉、稻草粉、玉米芯粉皆可，但以优质、无霉变为前提。

（3）胃肠扩容实施方法的传授。

以维持妊娠期体况标准为前提，日喂量不变，另加入粗纤维饲料 400g 左右。

3. 要点监控

（1）妊娠中期胃肠扩容的要点。

在妊娠中期进行胃肠扩容时，其关键点是膘情要控制在 7.0~7.5 成膘。

（2）重胎期胃肠扩容的要点。

其关键点在于前期为 7.5 成膘体况，上产床时为 8.0 成膘体况。

粗纤维饲料：玉米芯

4. 事后分析

（1）现代母猪必须要进行胃肠扩容。

现代母猪的体型导致胃肠容积的缩小，进而采食量也随之下降；为提高泌乳期的采食量，故在后备母猪、妊娠母猪阶段采用粗纤维饲料进行胃肠扩容。

（2）粗纤维饲料可改变胃肠容积。

在后备和妊娠阶段进行胃肠扩容，可使哺乳母猪增加日采食量 1.0~2.0kg，可解决哺乳期充足营养供应的问题。

（3）通过现场操作过程进行培训，则教学效果令人满意。

粗纤维饲料：玉米秸

（五）免疫接种的四步法

1.事前准备

（1）跟胎免疫知识培训的准备。

（2）全群普免知识培训的准备。

2.事中操作

（1）跟胎免疫知识的传授。

妊娠母猪跟胎免疫主要在稳胎期进行，主要免疫项目为：伪狂犬、口蹄疫、病毒性腹泻及猪瘟等疫病。现已改为全群普免方式进行免疫，而仔猪与后备猪还是按照日龄进行跟胎免疫。

（2）全群普免知识的传授。

对猪场的基础母猪和成年公猪执行全群普免的免疫方式。一年一次普免，为4月的细小和乙脑；一年两次普免为4、10月的圆环和10、11月的腹泻三联；一年三次普免，为1、5、9月的猪瘟、伪狂犬和口蹄疫。为增加某病的免疫效果也可一年普免四次，如伪狂犬、蓝耳病、口蹄疫的四次免疫。

3.要点监控

（1）要根据疫情和抗体监测组织免疫。

① 要根据疫情诊断组织免疫。

② 要根据抗体监测组织免疫。

（2）全群普免的注意要点。

① 保胎期时，后推一个月补免。

② 产前产后各一周时，后推15天补免。

4.事后分析

（1）由于猪只不同时间进行跟胎免疫，故抗体离散度大，易发生散发性的疫病。

（2）全群普免对保胎期母猪有反应，故要有二刀切的补免安排。

（3）结合免疫操作进行现场培训，则学员或员工的学习效果好。

经产母猪的普免

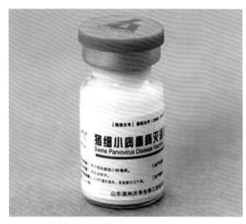

一年一次的免疫项目

一年两次的免疫项目

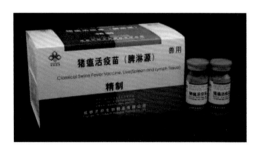

一年三次的免疫项目

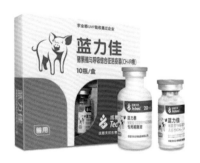

一年四次的免疫项目

乳腺发育期的饲养

（六）乳腺发育期护理的四步法

1. 事前准备

（1）乳腺发育期护理知识的准备。

（2）妊娠母猪膘情控制的准备。

（3）妊娠母猪饲喂量调整的准备。

2. 事中操作

（1）乳腺发育知识的传授。

乳腺发育期为配后 75~90 天，此期乳腺泡发育旺盛，易出现脂肪沉积。

（2）乳腺发育期的膘情控制。

母猪低于 7 成膘，则乳腺发育不良；而高于 8 成膘，则乳腺泡内脂肪沉积。

（3）乳腺发育期饲喂量的调整。

母猪低于 7 成膘，要日喂 2.5kg；母猪高于 8 成膘，要给予限饲，日喂 2.0kg。

3. 要点监控

（1）要关注乳腺发育期的膘情。

① 此期要检查妊娠母猪的体况。

② 背膘检测 $P_2 = 20mm$ 为标准体况。

（2）要注意日喂量的调整。

对过肥的母猪要少喂一些，对过瘦的母猪要多喂一些，也即看膘给量。

（3）为乳腺正常发育提供条件。

低于 7 成膘，要日喂 2.5kg 饲料；高于 7.5 成膘，要日喂 2.2kg 饲料。

4. 事后分析

（1）做好乳腺发育期护理知识的准备。

乳腺发育期是决定哺乳期泌乳量的基础阶段，其与膘情控制呈正相关。

（2）要重视膘情控制的维护。

乳腺发育期与重胎期相近，要根据膘情调整攻胎开始期与饲喂量。

（3）结合日常操作进行现场教学，学员和员工学习效果好。

乳腺发育期饲喂妊娠料

7 成膘体况可加料

7.5 成膘维持现有饲喂量

8 成膘需要减料

重胎期前的健康检查

（七）重胎期前净身的四步法

1. 事前准备

（1）健康检查知识的准备。

（2）重胎期前保肝解毒知识的准备。

（3）重胎期前驱虫知识的准备。

2. 事中操作

（1）健康检查知识的传授。

重胎期前健康检查的内容包括抗体检测、血常规、肝酶活性及显微镜检等。

（2）保肝解毒知识的传授。

由于霉菌毒素慢性中毒的常态化，重胎期前的保肝解毒也成为必做的功课。

（3）驱虫知识的传授。

驱杀体内外寄生虫时，一定要重点查证驱杀药物"孕畜可用"的安全性。

3. 要点监控

（1）抗体检测是重要的内容之一。

抗体检测是健康检查的重要内容，但并非是全部内容。

（2）肝酶活性检测越来越重要。

由于饲料霉菌毒素中毒的广泛存在，肝酶活性的检测已成为重要项目。

（3）显微镜检的检查项目。

其主要是红细胞的湿片检查，用于观察红细胞的形状和附红体的附着情况。

4. 事后分析

（1）重胎期前的净身是重要的。

在胎儿快速生长期进行净身，是妊娠母猪保健的重要内容。

（2）要随时掌握母猪的健康情况。

重胎前的健康检查、净身用药都应是现场工作人员心中有数的内容。

（3）结合现场操作进行教学效果好。

血常规的检查

尿常规的检查

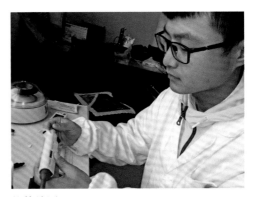

抗体检测

肝酶活性检测

（八）重胎期攻胎的四步法

1. 事前准备

（1）重胎期胚胎发育知识的准备。

（2）重胎期攻胎饲料的准备。

（3）重胎期攻胎达标管理的准备。

2. 事中操作

（1）重胎期胚胎发育知识的培训。

配种 90 天后，胚胎进入快速发育期，其近 2/3 的胎重是此期增加的。

（2）重胎期攻胎饲料的饲喂。

一般选用妊娠后期或哺乳料，每天饲喂 3.0~3.5kg 为宜。

（3）重胎期攻胎达到的标准。

在产前一周上产床时，母猪的膘情要控制在八成膘左右，也即 $P_2=24mm$ 为宜。

3. 要点监控

（1）要保证胎儿快速生长的营养供应。

在配种 90 天后，要确保每天饲喂 3~3.5kg 的哺乳料非常重要。

（2）要保证母猪产前 8 成膘体况。

因产后哺乳期要耗费大量体能，故产前一周母猪的背膘厚要达标。

（3）要体况达标，食欲旺盛。

做好稳胎期的免疫接种和重胎期前的净身对产前母猪非常重要。

4. 事后分析

（1）产多产少看配种和保胎期。

掌握好母猪的配种火候和保胎期的饲养管理对母猪多生是重要的。

（2）产大产小看重胎期。

胎儿发育的重点时期为配后 90 天至产前，此时要确保高质量日粮的供应。

（3）对于母猪重胎期用优质日粮进行攻胎，现场教学效果好。

重胎期的攻胎

进入重胎期的体况

重胎期可饲喂哺乳料

产前一周的体况

低于 8 成膘可自由采食

三、围产期管理关键点的培训

（一）产房准备知识的四步法

1.事前准备

（1）产房人员的准备。

（2）接产培训的准备。

（3）产房用具使用的培训。

（4）待产母猪观察的准备。

（5）产房适宜环境条件的准备。

（6）母猪产前饲喂调整的准备。

2.事中操作

（1）要选择能长期住场的夫妻工或技术熟练的员工在产房工作。

（2）要及时对产房人员和其他人员进行接产技术培训。

（3）对消毒药、催产药等的使用知识进行培训。

（4）对母猪临产前的表现进行仔细观察及处理。

（5）要保持产房的安静，要做好夏季防暑和冬季防寒的准备工作。

（6）一般8成膘的妊娠母猪，产前3天时，每天降料0.5kg，以防产后便秘。

3.要点监控

（1）产房要实行岗位承包制，要让员工有产可超，要提供家一样的生活条件。

（2）要按先清洗，再维修，然后彻底进行消毒的程序，对单元舍进行处理。

（3）产房要达到18~20℃，保温箱内温度要达到33℃，以满足母仔的需求。

4.事后分析

（1）有备无患，产房的准备更是如此。

（2）产房软、硬件的准备是主要内容。

（3）人员与常用物品也要准备好。

（4）现场操作与教学结合效果好。

产房准备的操作（2）

能住场的夫妻工为最佳人选

要学会各种药品的使用

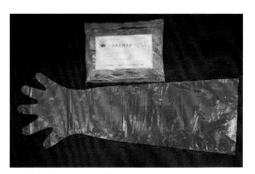

要学会产房工具的使用

要学会接产操作技术

（二）产前一周蹬产床的四步法

1.事前准备

（1）预产期查档、调群的准备。

（2）蹬产床母猪清洗、消毒的准备。

（3）蹬产床母猪转群、称重的准备。

（4）蹬产床母猪划区、蹬床的准备。

（5）产前有关调整、适应的准备。

2.事中操作

（1）在临产前一周，要将待产母猪的配种档案重新核对，进行最后确认。

（2）对确认后母猪进行清洗、消毒处理，以免其对产床的污染。

（3）在转群过道上备有检斤电子秤，按规定对其进行称重处理。

（4）按母猪的临产日期进行划区安排，以利产仔后的饲养管理。

（5）母猪蹬上产床后，视膘情对饲喂量进行调整，并加强人畜亲和处理力度。

3.要点监控

（1）要认真保管猪场的各项记录表格，其对细化猪场的管理是重要的工具。

（2）按配种记录或妊娠诊断记录确认开产日龄和蹬产床的适宜时间。

（3）为防止其对产房的污染，蹬床前的清洗、消毒是必须做好的工作。

（4）为便于产房体重控制工作的开展，蹬床前的称重工作也是重要的内容。

（5）产前3天要适当降低饲喂量，至产仔当日降为1kg为宜。

4.事后分析

（1）产前一周蹬产床是猪场必须做好的一项转群会战工作，须认真进行组织。

（2）待产母猪的清洗、消毒、检斤、蹬产床、人畜亲和等是培训的重要内容。

产前一周上产床的操作

上产床前清洗的操作

上产床前称重的操作

安全登产床的操作

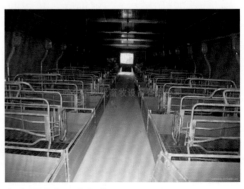

产床划片分区的操作

母猪产仔过程的消毒

（三）母猪产仔时消毒操作的四步法

1. 事前准备

（1）临产时消毒技术的培训。

（2）接产时消毒技术的培训。

（3）助产时消毒技术的培训。

（4）产仔后消毒技术的培训。

2. 事中操作

（1）一旦母猪羊水流出，就要马上用0.1%高锰酸钾溶液擦洗乳房、臀部及外阴，还要用沾有消毒液的拖布擦洗产床，进行彻底消毒。

（2）在仔猪断脐后要在脐带断端处用5%的碘酒进行消毒。

（3）在助产时，要用0.1%高锰酸钾溶液认真消毒手臂部和母猪外阴部。

（4）母猪产后，要用宫炎净制剂对子宫进行预防性用药。

3. 要点监控

（1）一般母猪羊水流出即为开产，此时外阴部、臀部、乳房部及产床的消毒和去乳塞就是要认真操作的工作内容。

（2）顺产时，仔猪脐带断端的消毒是必须要做好的工作内容。

（3）难产时，助产者的手臂和母猪的外阴是必须进行认真消毒的部位。

（4）母猪产后，对子宫颈口和子宫黏膜损伤，要用宫炎净制剂进行治疗。

4. 事后分析

（1）产房人员必须掌握消毒技术。

（2）产房的消毒一般为开产、断脐、助产、产后四个阶段的工作内容。

（3）对每一阶段的消毒都要认真进行。

临产前的消毒

接产时脐带的消毒

产后用爽干粉清除黏液及消毒

产后的消毒

（四）母猪顺产接生四步法的四步法

1. 事前准备

（1）临产前检查知识的培训。

（2）仔猪生后护理知识的培训。

（3）假死猪急救知识的培训。

（4）仔猪断脐知识的培训。

2. 事中操作

（1）临产前的检查。

临产前要检查母猪体况和接产物品，还要检查乳塞是否堵住乳头。

（2）仔猪生后的护理。

仔猪出生后立即将口、鼻黏液清除干净，再用一次性卫生纸和爽身粉擦干全身后，及时放入保温箱中烘干体表。

（3）假死猪的急救。

仔猪生后有心跳而不呼吸时，首先去除口鼻黏液；其次倒提两后腿；然后拍打胸背部，促其黏液排出；最后手托臀部和背部进行屈伸运动，助其恢复呼吸。

（4）仔猪的断脐。

待仔猪脐动脉停止跳动后，距仔猪腹部4~5指处，用指甲钝性掐断脐带，并在断端处涂以碘酒消毒。

3. 要点监控

（1）仔猪生后的护理要点。

仔猪生后要立即将口、鼻部黏液清除掉，以便于仔猪利用肺进行空气交换。

（2）假死猪急救的要点。

假死猪的急救过程也是恢复仔猪呼吸的过程，故要及时有效地进行。

4. 事后分析

（1）要熟练掌握顺产接生四步法。

（2）要重点帮扶肺呼吸过程的建立。

接生四步法的操作

临产前奶水的检查

仔猪产后保温的处理

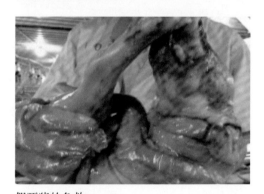

假死猪的急救

新生仔猪的断脐

144

（五）母猪难产处理的四步法

1. 事前准备

（1）母猪助产知识的培训。

（2）助产用品的准备。

（3）催产素使用知识的准备。

2. 事中操作

（1）助产前要用 0.1% 高锰酸钾溶液清洗外阴部和周围部位。

（2）助产者手臂要清洗、消毒，涂以润滑剂，将手捏成锥形做旋转伸入操作。

（3）在母猪不努责时，伸进子宫颈，根据胎位抓住仔猪某个部位，将其拉出。

（4）如果两个仔猪交叉堵住，可将一头推回，抓住另一只拖出。

（5）如果用手不易拉出时，可用特制铁钩或助产绳套扣住助其拉出。

（6）如检查产道无仔猪时，可注射催产素，通过增强子宫蠕动助其产出。

（7）也可驱赶其在产房附近活动，使其产道复位而消除分娩障碍。

（8）经助产母猪分娩结束后，向子宫内投放广谱抗菌药物预防子宫炎。

3. 要点监控

（1）助产前的认真消毒，可使产道免除或减轻感染。

（2）助产前的润滑，可使术者手部达到有效助产的位置。

（3）要尽量在产程初期解除难产产生的原因，严防产道黏膜水肿的发生。

4. 事后分析

（1）母猪难产是产房经常发生的事情。

（2）难产初期的有效处置则预后良好。

（3）母猪没有产道狭窄的问题，而多为子宫收缩无力时可以使用催产素。

母猪难产的操作要点

助产前对难产的判断

助产前的消毒

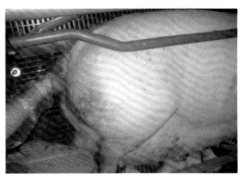

助产者进行产道探查

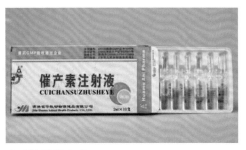

合理使用催产素

（六）母猪产后保健的四步法

1. 事前准备

（1）产后子宫保健用药知识的准备。

（2）产后乳房保健用药知识的准备。

（3）产后抗应激用药知识的准备。

（4）产后恢复胃肠功能知识的准备。

2. 事中操作

（1）产后子宫保健用药的操作。

一般在产后使用宫炎净局部子宫用药即可，一天一次，连用 1~2 次。

（2）产后乳房保健用药的操作。

一般注射疏通肝经的鱼腥草针剂并配合阿莫西林粉针即可。

（3）产后抗应激用药的操作。

一般选用 ADE-25 和黄芪多糖制剂用于饮水，连用 3 天即可。

（4）产后恢复胃肠功能用药的操作。

对于产后粪便干燥的母猪，可选用大黄苏打粉、人工盐等制剂进行肠胃调整。

3. 要点监控

（1）对于难产的母猪，在使用宫炎净的同时，可口服和注射抗感染药物一疗程。

（2）抗乳房炎药物宜选用阿莫西林粉，拌料或饮水使用。

（3）对产后无乳的母猪，可选用催奶类及催产素制剂进行催奶处理。

（4）对产后不食的母猪，可选用开胃针、硫酸钠、维生素 B 粉等药物促进食欲。

4. 事后分析

（1）母猪产后要及时用药。

（2）广谱、口服可吸收的阿莫西林粉为首选抗菌药物。

（3）可根据临床症状选择对症药物。

产后保健的操作

子宫投入抗子宫炎药物

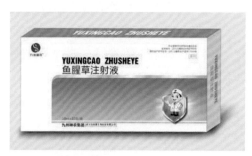

注射鱼腥草制剂通乳

便秘者饲喂清热散制剂

用口服吸收类抗菌药清血

四、泌乳高峰期的培训

（一）提高泌乳高峰期采食量的四步法

1.事前准备

（1）妊娠期胃肠扩容的准备。

（2）围产期饲喂量调整的准备。

（3）泌乳高峰期日粮的准备。

（4）泌乳高峰期饲喂方法的准备。

2.事中操作

（1）妊娠期胃肠扩容的操作。

在配种后饲喂妊娠日粮时，原饲喂标准不变，每天添加 300~400g 优质粗纤维饲料原料以达胃肠扩容的目的。

（2）围产期饲喂量调整的操作。

一般是在产前 7 天时，每天逐步减少饲喂量，直至产仔时为 1kg；而产后是 1.5kg、2.5kg、3.5kg、4.5kg、5.5kg 的逐步增加。

（3）泌乳高峰期的日粮供应。

在产后 5~7 天，每产仔 10 头时，可每日提供 6.5~7.5kg 的日粮。必要时，可加入 5% 的膨化大豆粉或炒大豆，以增加营养。

（4）泌乳高峰期的饲喂方法。

可在每日上午 6 时、10 时和下午 2 时、6 时 4 次进行湿拌料饲喂，必要时晚 10 时可加餐一次，以恢复膘情。

3.要点监控

（1）妊娠期胃肠扩容是必要的，只有打好基础，泌乳高峰期才能吃进饲料。

（2）泌乳高峰期要千方百计促进食欲，在日粮要加入高能量、高蛋白优质原料。

4.事后分析

（1）要在妊娠期进行胃肠扩容工作，以保证哺乳期有充足的胃肠容量。

（2）哺乳期母猪的健康体况和优质的饲料供应也是重要的。

提高泌乳期采食量的操作

妊娠期抓好胃肠扩容工作

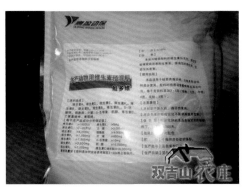

产后用 VB 粉促进食欲

一天四次饲喂湿拌料

必要时用开口料进行加餐

（二）提高母猪泌乳力的四步法

1. 事前准备

（1）做好乳腺发育期管理的准备。

（2）做好母猪健康体况的准备。

（3）做好泌乳期高采食量的准备。

（4）做好预防乳腺疾病的准备。

（5）做好产房舒适环境的准备。

2. 事中操作

（1）在配后 75~90 天，为妊娠母猪乳腺发育期，此阶段的重点是控制膘情。

（2）无论在产前或产后，均要保持母猪的健康体况，为高泌乳力奠定基础。

（3）在妊娠期做好胃肠扩容工作，为泌乳期的高采食量和高泌乳力打好基础。

（4）在产后、哺乳、断奶等过程中要注意保护乳房的健康，严防乳房炎的发生。

（5）给母猪提供舒适的产房环境，缓解各种应激反应对泌乳力的影响。

3. 要点监控

（1）在母猪的乳腺发育期，要控制其膘情为 7.5 成膘，即 $P_2 = 20~22mm$。

（2）要尽量减轻圆环、蓝耳、霉菌毒素和恶劣环境对猪群抵抗力的损伤作用。

（3）要通过泌乳期的高采食量，为哺乳母猪打造高泌乳力。

（4）要严防乳腺炎的发生，一经发生要立即用药，并连续拌料用药 5~7 天。

（5）提供舒适的产房环境，对提高母猪抗病力和降低致病力至关重要。

4. 事后分析

（1）泌乳力是母猪的重要生产指标。其是由仔猪的断奶窝重来体现。

（2）经验证明：断奶体重大一斤，出栏体重大 10 斤。故此，要努力提高泌乳力。

提高母猪泌乳力的操作

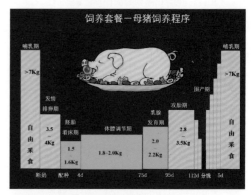

抓好乳腺发育期的膘情控制

抓好母猪健康体况的调控工作

尽量提高泌乳母猪的采食量

及时淘汰患乳房炎的母猪

（三）维持产后母猪繁殖体况的四步法

1. 事前准备

（1）哺乳期采食量的准备。

（2）哺乳期产房温度的准备。

（3）哺乳期仔猪开食的准备。

（4）哺乳期适时断奶的准备。

2. 事中操作

（1）哺乳期采食量的落实。

为维持产后母猪的繁殖体况，要贯彻看膘给量的原则，日采食为 6.5~7.5kg。

（2）哺乳期产房温度的落实。

哺乳期产房温度为 18~20℃，饮水温度为 20~26℃。

（3）哺乳期仔猪开食的落实。

为减轻仔猪哺乳对母猪的压力，一般在产后 12 天开始诱食，21 天断奶。

（4）哺乳期适时断奶的落实。

在母猪为 7 成膘，每头仔猪采食 400g 开口料时，即可断奶。

3. 要点监控

（1）哺乳料的质量要达标，饲喂方法要得当，产后 15 天以 7.5 成膘为宜。

（2）要严格控制产房的温度及卫生环境，给哺乳母猪提供适宜环境。

（3）哺乳仔猪的适时开食，可以减轻其母猪的哺乳压力及繁殖体况的保持。

（4）母猪体况差，就要尽早给仔猪开食，为提前断奶奠定基础。

4. 事后分析

（1）哺乳母猪面对双重压力，既要完成繁重的泌乳任务，又要维持繁殖体况去迎接下一个繁殖周期。

（2）在哺乳期内，要认真做好上述维持产后母猪繁殖体况的具体工作。

维持哺乳母猪繁殖体况的操作

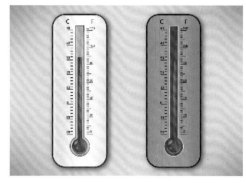

产房温度要适宜

泌乳期要有足够的营养供应

哺乳仔猪要尽早开食

母猪 7 成膘时即应断奶

产后母猪的保健用药

（四）产后母猪保健用药的四步法

1. 事前准备

（1）子宫保健用药的准备。

（2）乳房保健用药的准备。

（3）全身保健用药的准备。

（4）驱四虫保健用药的准备。

2. 事中操作

（1）子宫保健用药的操作。

一般顺产母猪产后子宫送一支宫炎净药物即可，助产的母猪要子宫送药4次。

（2）乳房保健用药的操作。

一般产后即应注射鱼腥草制剂，拌料饲喂阿莫西林制剂，连喂3~5天。

（3）全身保健用药的操作。

一般可采用替米、多西复方制剂拌料饲喂，连用3~5天为一疗程。

（4）驱四虫保健用药的操作。

在产后7~13天对附红体、弓形虫进行药物预防；在产后14~20天，对体内外寄生虫进行药物预防。

3. 要点监控

（1）子宫局部送药可直至感染部位，药量足、效果好，应列为产房必做动作。

（2）对粪便干燥、肝火大的母猪，尤其要使用鱼腥草针剂泻肝火，保乳房健康。

（3）体温正常的母猪，多选用泰乐强力药物进行全身保健预防。

（4）驱附红体、驱弓形虫药物在产后空怀阶段使用，应列为产房必做动作。

4. 事后分析

（1）产后保健一般多为产后1~5天。

（2）驱附红体、驱弓形虫在产后7~13天进行。驱体内外寄生虫在产后14~20天进行。

子宫的保健用药

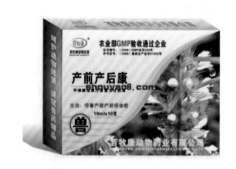

乳房的保健用药

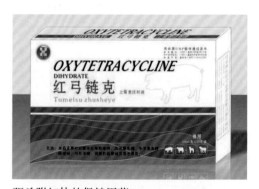

驱杀附红体的保健用药

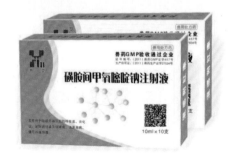

驱杀弓形虫的保健用药

适时断奶的常用指标

（五）产后母猪适时断奶的四步法

1. 事前准备

（1）确保产后母猪 7 成膘的准备。

（2）确保仔猪采食量的准备。

（3）确保空怀保健的准备。

（4）确保全身保健的准备。

2. 事中操作

（1）确保产后母猪 7 成膘的操作。

产前 8 成膘，室温 18℃，饮服 20℃饮水，日喂 6.0~7.0kg 哺乳料，这样的条件，维持 7 成膘体况是轻松的事情。

（2）确保仔猪采食量的操作。

一般在 12 天开始诱食，在 21 天断奶时，均可每头饲喂 400g 开口料。

（3）确保空怀保健用药的操作。

可以有效驱除附红体和弓形虫的药物，大多具有胎毒性，故要在空怀期用药。

（4）确保全身保健用药的操作。

在产后随症进行相应用药，是哺乳中期必做的一件工作，效果可靠。

3. 要点监控

（1）母猪断奶时 7 成膘，也即 $P_2 = 20mm$；一般 85% 的母猪在断奶后 5~6 天发情。

（2）每头仔猪在断奶前食入 400g 开口料，断奶后一般不会出现消化不良症。

（3）要在哺乳空怀期，将有胎毒的必用药物有序地进行饲喂。

（4）要随症对母猪群体进行确有实效的保健用药。

4. 事后分析

母猪适时断奶要有几项指标约束，母猪膘情、仔猪采食量、驱虫保健、对症保健等任务完成时，即可断奶。

母猪为 7 成膘体况

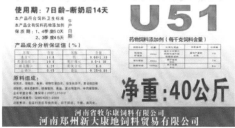

仔猪已均食 400 克开口料

母猪已用驱杀体内外寄生虫药物一周

母猪已用驱杀血虫、弓形虫药物一疗程

五、断奶母猪日常操作关键点的培训

（一）断奶母猪整顿技术的四步法

1. 事前准备

（1）无效或低效母猪淘汰的准备。

（2）后备母猪补充的准备。

（3）核心母猪群组建的准备。

（4）基础母猪群理想胎次的准备。

2. 事中操作

（1）无效或低效母猪淘汰的操作。

患有子宫炎、乳房炎、蹄腿病、不发情等无效少效断奶母猪要及时淘汰。

（2）后备母猪补充的操作。

每年都要按基础母猪在栏数的40%进行后备母猪的选留培育。

（3）核心母猪群组建的操作。

每次猪群整顿，均要首先进行核心母猪群的整顿，以确保后备母猪的充足。

（4）基础母猪群理想胎次的操作。

只要年度按照基础母猪群30%的比例进行淘汰，即可保证合理的胎次结构。

3. 要点监控

（1）要主动对低产、寡产及蹄腿病的母猪进行淘汰，以保证群体繁殖能力。

（2）要选留春、秋两季产的仔猪留种，以确保头胎母猪在春秋季产仔。

（3）确保核心母猪群的数量与质量是猪场猪群整顿的重点。

（4）保证年度淘汰30%的基础母猪，有力度地加大淘汰率，必将提高繁殖率。

4. 事后分析

（1）母猪群整顿是空怀断奶母猪必须做好的一件工作。

（2）提高了繁殖母猪的选择压，必将带来整个猪群繁殖性能的提高。

断奶母猪整顿的操作

8成膘的母猪及时淘汰

有腿病的母猪及时淘汰

乳房炎的母猪及时淘汰

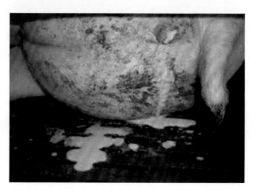

化脓性子宫炎者及时淘汰

（二）断奶母猪繁殖体况恢复的四步法

1.事前准备

（1）断奶猪舍适宜温度的准备。

（2）断奶母猪饲喂哺乳料的准备。

（3）断奶母猪促膘饲喂方法的准备。

（4）断奶母猪看膘给量的准备。

2.事中操作

（1）断奶母猪舍适宜温度的操作。

① 断奶猪舍空气温度为18~20℃。

② 断奶母猪躺卧区冷暖床为15℃。

③ 饮水温度为20℃左右。

（2）断奶母猪继续饲喂哺乳料。

为恢复断奶母猪的体况和促进卵泡发育，母猪断奶不变料是最好的选择。

（3）断奶母猪促膘饲喂方法的操作。

一般为日喂两次，每次饲喂哺乳料1.5kg左右。

（4）断奶母猪看膘给量的操作。

断奶母猪实行半限位饲养方式，根据膘情不同，给予不同的饲喂量。

3.要点监控

（1）适宜的舍内温度，其饮水罐的水温也必将适宜猪群饮用。

（2）断奶不变料，继续饲喂哺乳料是断奶母猪恢复膘情的有效方法。

（3）哺乳料的不限量饲喂，是解决瘦母猪的有效途径。

（4）根据母猪膘情的不同，在半限位栏的食槽中加入不同量的饲料调整饲喂。

4.事后分析

（1）母猪断奶后的膘情恢复是一项重要工作，其可为下一个情期打好基础。

（2）7成膘体况也就是$P_2 = 20mm$。

断奶母猪繁殖体况的恢复

继续饲喂哺乳料

舍内温度适宜

在冷暖床上躺卧

饮水为26℃

催情、查情的操作

（三）催情查情技术的四步法

1. 事前准备

（1）公猪催情的准备。

（2）发情母猪爬跨刺激的准备。

（3）公猪查情的准备。

（4）人工按压查情的准备。

（5）人工目视查情的准备。

2. 事中操作

（1）公猪催情的操作。

在母猪断奶后，要上午8时和下午4时，一天两次进行催情。

公猪在催情

（2）发情母猪爬跨刺激的操作。

在断奶母猪舍，要有母猪自由运动的场地，可通过相互爬跨刺激发情。

（3）公猪查情的操作。

在公猪催情的同时，对发情母猪进行发情火候判断，以确定最佳配种时间。

（4）人工按压查情的操作。

在母猪出现发情症状后，通过人工按压背部，观察其出现静立反应的症状，由此确定最佳配种时间。

（5）人工目视查情的操作。

母猪在相互爬跨催情

通过观察神经症状、外阴肿胀、抚摸敏感部位，由此确定最佳配种时间。

3. 要点监控

（1）要利用公猪的外激素气味进行催情和母猪相互爬跨进行催情。

（2）要采用人工目视、背部按压和公猪查情结合法来确定发情火候。

4. 事后分析

（1）断奶母猪舍的重要工作内容就是催情和查情。

公猪在查情

（2）每天两次的催情、查情，可为配种火候的确定奠定基础。

人工按压查情

（四）适时配种技术的四步法

1. 事前准备

（1）发情火候判定的准备。

（2）配种时间确定的准备。

（3）采精时间确定的准备。

（4）配种操作的准备。

2. 事中操作

（1）发情火候判定的落实。

当发情母猪被按压背部出现静立反应，抚摸敏感部时出现后腿紧绷、两耳竖立内扣、臀部靠人时，即为已到火候。

（2）配种时间确定的落实。

如为断奶后 5~6 天发情者，间隔 12 小时后配种；如为后备母猪、返情母猪或断奶 7 天以上者，则须立即配种。

（3）采精时间的落实。

按上述配种时间决定采精时间。

（4）配种操作的落实。

参见未病先防篇输精配种的内容。

3. 要点监控

（1）要一天两次的观察发情母猪的细微变化，准确掌握母猪的发情火候。

（2）各种母猪群出现静立反应后，其配种时间因猪而异。

（3）在猪场配种操作过程中，最好使用当天采集的精液进行配种。

（4）无论是本交还是人工输精，母猪配种、输精前的清洗和消毒是重要的。

4. 事后分析

（1）适时配种的前提是准确掌握发情火候。

（2）发情母猪出现静立反应后，不同母猪的配种时间是不同的。

（3）输精之前都要认真清洗消毒。

适时配种的操作

通过公猪判断母猪发情

通过按压母猪背部判断发情火候

配种前的清洗消毒

适时配种的操作

种公猪的饲养要点

六、种公猪日常操作关键点的培训

（一）配种期科学饲养的四步法

1. 事前准备

（1）种公猪配种期日粮配制的准备。

（2）种公猪配种期饲喂方法的准备。

（3）种公猪配种期精液检查的准备。

2. 事中操作

（1）种公猪配种期日粮配制的操作。

要认真按照种公猪配种期的饲养标准配制日粮；必要时，可添 5% 的鱼粉或奶粉；日采食量要达到 2.5~3.0kg。

（2）种公猪配种期饲喂方法的操作。

要一天三次进行饲喂，每次 1.0kg 左右，湿拌料饲喂最好；严禁饲喂发霉变质饲料。

（3）种公猪配种期精液检查的操作。

每次采精后，都要对原精液进行检查，稀释后要进行第二次检查，每次配种前对保存的精液要进行第三次检查。

3. 要点监控

（1）配制种公猪日粮时，玉米等各种原料要优中选优，严防霉败或低劣饲料原料混入日粮中。

（2）在种公猪配种期，要千方百计地提高公猪食欲，对精子生成无碍的一些促食剂，如维生素 B 粉等可适当添加。

（3）通过精子密度的检查，可间接判断种公猪日粮的营养是否达标。

4. 事后分析

（1）种公猪是猪场首保的对象。

（2）要在营养供应上确保充足。

（3）精液品质检查是发现问题的方法，必要时，可改用兽医化验诊断方法。

种公猪配种期的日粮

通过精检发现营养上的问题

种公猪的饲喂

配种期优质蛋白料的补充

种公猪的四固定管理

固定采精地点

（二）种公猪四固定管理的四步法

1. 事前准备

（1）固定采精地点的准备。

（2）固定采精人员的准备。

（3）固定采精手法的准备。

（4）固定生活秩序的准备。

2. 事中操作

（1）固定采精地点的操作。

猪场要建立固定的采精室、精液处置室；采精室要清洁卫生，安静舒适，光线不能直接照入，有利于采精反射的形成。

（2）固定采精人员的操作。

每个公猪都要固定采精人员，通过刷拭等调教，达到人畜亲和，便于掌握脾气、习性，便于采精工作的开展。

固定采精人员

（3）固定采精手法的操作。

每名采精人员的手法都略有不同，固定采精人员也就固定了采精手法，可以使公猪对这种手法产生正常的条件反射。

（4）固定生活秩序的操作。

每日的饲喂、采精、运动、刷拭及清洁卫生工作的固定化，可使公猪习惯于这种正常有益的生活秩序中。

3. 要点监控

（1）要提供四固定的硬件设施。

种公猪舍、采精室、精液检查室等人工授精硬件设施的准备是必需的。

（2）要建立四固定的软件能力。

班组设立、人员配制、规章制度、管理表格、工作流程等准备也是必需的。

固定采精手法

4. 事后分析

（1）种公猪的四固定管理既是种公猪班工作的准则，也是重要的工作方法。

（2）边操作边教学，才能学会。

固定生活秩序

（三）种公猪运动与刷拭的四步法

1.事前准备

（1）运动与刷拭场地的准备。

（2）运动与刷拭时间的安排。

（3）运动与刷拭方法的准备。

（4）运动与刷拭的注意事项。

2.事中操作

（1）运动与刷拭场地的落实。

① 运动的场地可选择在净道一侧，也可选择在专用圆形循环运动跑道。

② 刷拭的场址可选择在背风向阳、地势高燥的空闲场地上。

（2）运动与刷拭时间的落实。

① 春秋季节，一天二次，上午为8—10点，下午为2—4点。

② 夏季宜在早晚进行，以避开酷暑；冬季宜在中午进行，以避开严寒。

（3）运动与刷拭方法的落实。

① 公猪可在圆形跑道内运动，一次1km左右，一天两次即可。

② 公猪可用铁刷子进行刷拭。一天两次，每次0.5小时为宜。

3.要点监控

（1）公猪运动和刷拭时，每次只能放出一个公猪，避免突然相遇而咬架。

（2）刷拭公猪时，一定要注意站在公猪的后面进行，严防公猪咬人。

（3）精子镜检活力不强，首先要在运动不足上找原因。

4.事后分析

（1）公猪运动与刷拭是日常管理的内容之一，也是人畜亲和的主要手段。

（2）在与公猪接触时，首先要注意安全，然后才是工作内容。

种公猪的运动与刷拭

种公猪的运动场地

种公猪的运动

种公猪的刷拭场地

种公猪的刷拭

精液检查的操作

（四）种公猪定期检查精液的四步法

1.事前准备

（1）精液检测室的准备。

（2）17℃恒温箱的落实

（3）显微镜及加热板的准备。

（4）待检精液的准备。

2.事中操作

（1）精液检测室的落实。

每个猪场都要具有合格的精液检测室，并配备一套齐全的精液检测设施。

（2）17℃恒温箱的落实。

可使精液处于休眠期的温度是17℃，精液在此温度下保存是安全的。

（3）显微镜及加热板的落实。

38℃时精子活动旺盛，故此，精液的每次检测都要调整到这一温度。

（4）待检精液的落实。

无论是抽检或是定期检查，精液都要在38℃环境下，观察10~20个视野。

3.要点监控

（1）要提高对精液检测室的认识。

猪场要提高对化验室的认识，备齐配套设施，以达到有效监控的作用。

（2）要配备合适化验人员。

要培养合格的化验检测人员，适应猪场人工授精工作的需求。

（3）精液的稀释与保存等具体工作。

要重视精液检测室内的镜检、稀释、分装、保存、运输等具体工作。

4.事后分析

（1）化验检测是现代猪场的特征。

（2）精液的化验监测可使人工授精工作心中有数，可以及时发现问题，可以提高配种受胎率。

精液检查室的准备

17℃冰箱的准备

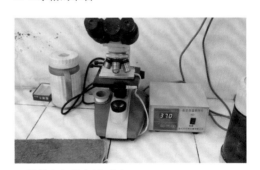

显微镜与加热板的准备

待检精液的准备

（五）种公猪四防管理的四步法

1. 事前准备

（1）种公猪防暑降温硬件的准备。

（2）种公猪防寒保暖硬件的准备。

（3）防止种公猪相互咬架的准备。

（4）防止种公猪伤人的准备。

2. 事中操作

（1）种公猪防暑降温硬件的落实。

除了在种公猪躺卧区建立常温 15℃ 的冷暖床以外，种猪舍空间要设置高压喷雾降温系统，以确保防暑降温效果。

（2）种公猪防寒保暖硬件的落实。

除了在种公猪躺卧区建立常温 15℃ 的冷暖床以外，舍内设置水热暖气片，以确保冬季 18℃ 舍温的外部环境。

（3）严防种公猪相互咬架的落实。

不论是采精、运动、刷试等各种工作内容的实施，只能放出一头公猪在外单独操作，严防公猪咬架现象的发生。

（4）防止公猪伤人的落实。

不论是采精、运动、刷试等各种工作内容的实施，一律要从种公猪身后接触，严防公猪咬人现象的发生。

3. 要点监控

（1）每年的春季，要考虑种猪舍的防暑降温设施改造，这是猪场的必修课。

（2）每年的秋季，要完成种猪舍的防寒保暖设施改造，这也是猪场的必修课。

（3）与种公猪接触的过程中，要严防互相咬架和伤人事故的发生。

4. 事后分析

（1）种猪的四防管理是重要的。

（2）种猪的四防管理涉及猪场硬件建设和软件建设内容。

种公猪的四防

防暑

防寒

防咬架

防咬人

哺乳仔猪的超前免疫

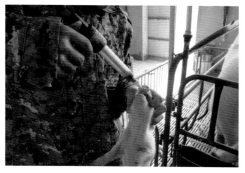

伪狂犬的超前免疫

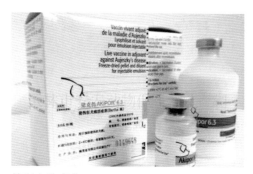

伪狂犬的疫苗

第二节 生长猪群日常操作关键点的培训

一、哺乳仔猪日常操作关键点的培训

（一）哺乳仔猪超前免疫的四步法

1. 事前准备

（1）哺乳仔猪超前免疫程序的准备。

（2）哺乳仔猪超前免疫疫苗的准备。

（3）哺乳仔猪超前免疫方法的准备。

2. 事中操作

（1）哺乳仔猪超前免疫程序的落实。

① 猪瘟的超前免疫程序为 1 日龄、25 日龄、60 日龄三次免疫。

② 伪狂犬的超前免疫程序为 1 日龄、35 日龄、70 日龄三次免疫。

（2）哺乳仔猪超前免疫疫苗的落实。

① 猪瘟超前免疫的疫苗产品为国产高效细胞苗，毒价为 30 000 单位。

② 伪狂犬超前免疫的疫苗产品为国产双基因缺失苗或三基因缺失苗。

（3）哺乳仔猪超前免疫方法的落实。

① 猪瘟超前免疫的免疫方法为吃初乳前 1h 肌内注射，每头每次 1 头份。

② 伪狂犬超前免疫的免疫方法为首免鼻腔喷雾。

3. 要点监控

（1）仔猪的超前免疫是预防猪瘟或伪狂犬的有效措施，但超前免疫只能选其一。

（2）如一日龄选择做猪瘟病的超前免疫，则二日龄可进行伪狂犬的喷雾免疫。

4. 事后分析

伪狂犬免首免为鼻腔喷雾的黏膜免疫，

猪瘟的超前免疫

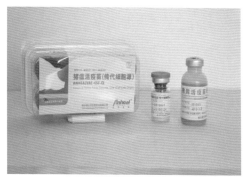

猪瘟的疫苗

不受母源抗体的干扰；而猪瘟只能在吃奶前和断奶后进行免疫才不受母源抗体干扰。

哺乳仔猪吃好初乳

分批吃好初乳

（二）哺乳仔猪吃好初乳的四步法

1.事前准备

（1）哺乳猪人畜亲和调教的准备。

（2）哺乳仔猪分批吃乳画号的准备。

（3）弱仔重点辅助吃乳的准备。

2.事中操作

（1）哺乳母猪人畜亲和调教的操作。

一般在母猪蹿上产床以后，即通过按摩乳房等动作进行人畜亲和调教，以防产仔时，母猪不让人接近。

（2）哺乳仔猪分批吃初乳的操作。

一般在分批前将仔猪画号，先让弱小仔猪无竞争地吃好初乳；然后再让另一批吃奶，以达到吃好初乳的目的。

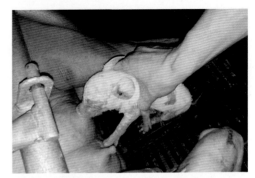

辅助吃好初乳

（3）弱仔重点辅助吃奶的操作。

对于弱小仔猪，除了第一批安排吃好初乳外，每次吃奶时都要给予人工辅助，安排在胸部乳房进行吸吮。

3.要点监控

（1）母猪产前的人畜亲和调教，每天两次，连续按摩乳房 5~7 天，这样的方式会使母猪产仔前后增加对人的亲和度。

（2）初乳是新生仔猪所必需的，吃好初乳可使其获得营养和抗体。故此，新生仔猪要吃好初乳，尤其是弱小仔猪。

过哺吃好初乳

（3）在产程接生时，通过去除乳塞可收集到初乳，通过保鲜存放，可为弱小仔猪补充初乳。

4.事后分析

（1）吃好初乳是产房的重要工作内容。

（2）要在产前搞好人畜亲和工作。

（3）要将新生仔猪画号分批吸吮初乳。

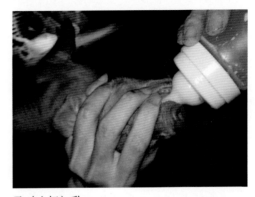

及时吃好初乳

（4）弱小仔猪要在胸部乳房吸吮。

（5）边操作边教学效果好。

（三）哺乳仔猪保温防压的四步法

1.事前准备

（1）要做好仔猪保温防压的硬件准备。

（2）要做好仔猪保温防压的环境准备。

（3）要做好仔猪保温防压的制度准备。

（4）要做好仔猪保温防压的方法准备。

2.事中准备

（1）做好仔猪保温防压硬件的落实。

要做好每个产床上防压护栏和保温箱的温度调控工作，确保新生仔猪产后3天的保温防压效果。

（2）做好仔猪保温防压环境的落实。

要求产房要达到18~20℃，保温箱为33~34℃。在这样的温度环境中，新生仔猪保温防压效果是最好的。

（3）做好仔猪保温防压制度的落实。

要把产房供暖效果、人员看护效果和新生仔猪断奶成活率与产房及相关部门人员的奖金制度联系起来进行兑现。

（4）做好仔猪保温防压方法的落实。

在时间段上，主要是产后3天内的看护；在方法上，当仔猪吃好奶后，一定要放回保温箱内，防止母猪起卧时的挤压。

3.要点监控

（1）产床要有限位架及防压栏，以防止母猪起卧时对仔猪的挤压伤害。

（2）产后0~3天，仔猪吃乳后，要及时将其赶至或放入保温箱内防压。

（3）弱小仔猪要扶助吃奶，要给予重点看护，这是减少冻压死亡的关键。

4.事后分析

仔猪生后头三天的死亡率占哺乳仔猪死

哺乳仔猪的保温与防压

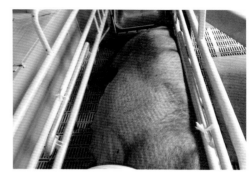

产床的防压护栏

保温箱要达到33℃

吃奶后要放回保温箱

弱小仔猪要辅助吃奶

亡率的70%，冻压而死又占其60%。故此，新生仔猪头三天的看护十分重要。

（四）哺乳仔猪创伤控制的四步法

1. 事前准备

（1）哺乳仔猪创伤控制硬件上的准备。

（2）哺乳仔猪创伤控制软件上的准备。

（3）哺乳仔猪创伤控制方法上的准备。

2. 事中操作

（1）哺乳仔猪创伤控制硬件上的落实。

尽量杜绝产床上尖锐物对仔猪皮肤的损伤，在新生仔猪生后头3天要在母猪放乳的一侧铺上麻袋，防仔猪膝部磨损。

（2）哺乳仔创伤控制软件上的落实。

新生仔猪的免疫、保健用药程序，尽量采用口服、喷雾等用药方法，尽量从程序上减少皮肤损伤性工作的进行。

（3）哺乳仔猪创伤控制方法上的落实。

新生仔猪100%的损伤是前肢膝部，其是由抢奶时与产床床面磨损造成，故生后用胶布包裹其膝盖部是很好的方法。

3. 要点监控

（1）产房内及产床床面上不能有损伤仔猪皮肤的尖锐物存在，特别是水泥地面破损后的摩擦损伤，更要注意避免。

（2）尽量采用喷雾的方法进行免疫，尽量选用口服的方法进行用药，以减少针刺对皮肤造成不当损伤。

（3）生后仔猪用胶布包裹膝盖部可以减少膝部损伤，但在第4天时要及时解除，以免因包裹压迫而造成蹄腕部水肿损伤。

4. 事后分析

新生仔猪的每次针刺需3天方可痊愈，一般讲哺乳期应尽量减少针刺损伤、磨破损伤等不良损伤，以免链球菌、副猪菌、葡萄

哺乳仔猪的创伤管理

伪狂犬要喷鼻免疫

支原体也要喷鼻免疫

黄白痢灌服给药

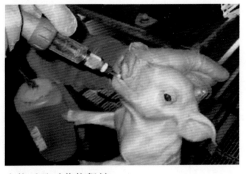

去势后及时药物保健

球菌等乘机入侵感染，造成病残猪的增多和断奶仔猪出栏率的下降。

（五）哺乳仔猪补铁保健的四步法

1.事前准备

（1）补铁保健药物的准备。

（2）补铁保健时间上的确定。

（3）补铁保健剂量计算的准备。

2.事中操作

（1）补铁保健药物的落实。

各种猪群的饲料中并不缺乏铁元素，而是新生仔猪不采食饲料。故此，只能选择注射用铁制剂来补充。

（2）补铁保健时间的落实。

一般母乳每日仅能供应铁元素为 1mg，而仔猪每天需要 7mg。故此，多在生后 2~3 日龄一次注射补铁 100mg。

（3）补铁保健剂量的落实。

一般补铁针剂为 10mL/支，每毫升中含铁元素 100mg。故此，在 2~3 日龄时一次肌内注射 1mL 即可。

3.要点监控

（1）仔猪缺铁病变为皮下水肿，血液稀薄如铁锈水样；并伴有腹泻症状，一旦发病很难治愈。

（2）一般 2~3 日龄给予补铁，如 12 日龄尚不能补料，则须再肌内注射补铁针 1mL 即可消除铁元素缺乏之虑。

（3）在给新生仔猪补铁时，须在耳后三指处与地面平行注射，也可选择腿部，这样便于其他颈部肌注项目的进行。

4.事后分析

（1）仔猪补铁是必须进行的项目。

（2）现代猪场多采用肌注补铁。

（3）肌注 1mL 可保 12 天不缺铁元素。

哺乳仔猪的补铁保健

仔猪补铁的药物产品

缺铁性皮下水肿

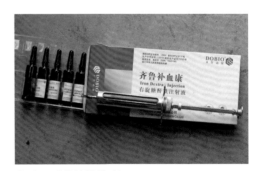

生后 2 天的补铁处理

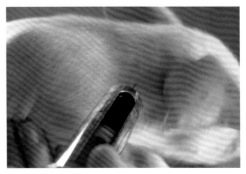

每头注射 1mL

（4）12~15日龄开始补料即不缺铁。

（5）边操作边教学效果好。

哺乳仔猪的去势

（六）哺乳仔猪去势的四步法

1.事前准备

（1）仔猪去势性别确定的准备。

（2）仔猪去势日龄的准备。

（3）仔猪去势器具的准备。

（4）仔猪去势方法的准备。

2.事中操作

（1）仔猪去势性别的确定。

现代商品猪五月龄后即可出栏，而母猪需6月龄后方能第一次发情。故此，商品仔猪去势不用考虑商品母猪。

（2）仔猪去势日龄的确定。

现代商品猪场的实践证明，仔猪生后4~6日龄去势，对仔猪的损伤最小。

（3）仔猪去势器具的确定。

传统去势术采用的骟猪刀已成过去，雄性仔猪去势用手术刀已被广泛利用。

（4）仔猪去势方法的确定。

一般雄性仔猪在4~6日龄时，用一手的拇指将其睾丸固定，其余四指握提仔猪两后腿；另一手持手术刀在睾丸囊的向地处开两个口，摘除两侧睾丸，最后消毒处理。

3.要点监控

（1）新生仔猪4~6日龄去势时，有母源抗体的保护。故此，一般在此时去势对仔猪的损伤最小，恢复最快。

（2）在仔猪去势期间，配合使用抗感染药物，则疗效理想。一般选用阿莫西林制剂，灌服一天2次，连用3天。

4.事后分析

雄性商品仔猪的去势，以4~6日龄最好，有母源抗体的辅助，恢复快、损伤小，故此，

固定睾丸

在睾丸囊向地处开口

摘除睾丸和附睾

去势后用碘酒消毒

现已在猪场普及。

（七）哺乳仔猪抗感染用药的四步法

1. 事前准备

（1）哺乳仔猪抗感染用药计划的准备。

（2）哺乳仔猪抗感染用药产品的准备。

（3）哺乳仔猪抗感染用药方法的准备。

2. 事中操作

（1）哺乳仔猪抗感染用药计划的确定。

产后4~6天时，仔猪黄白痢、渗出性皮炎、链球菌病、副猪嗜血杆菌病等均可趁去势等伤口乘机感染。所以，可灌服有效的抗感染药物一疗程。

（2）哺乳仔猪抗感染药物的确定。

一般可选用口服吸收类广谱抗感染药物，其中阿莫西林粉针在临床上被广泛使用。

（3）哺乳仔猪抗感染用药方法的确定。

因产后4~6天时，仔猪不吃料，故只能灌服给药，每支阿莫西林粉针灌服25kg体重，一天2~3次，连用3天为一疗程。

3. 要点监控

（1）4~6天去势时的抗感染用药。

生后仔猪膝盖的吃奶磨损、补铁的针刺损伤、加之去势外伤，都给各种致病微生物感染创造了机会，故此时要用药。

（2）要选择口服可吸收的广谱抗菌药。

仔猪不吃料，又不能打针，只能灌服给药。故此，口服可吸收的、可标示剂量的、各种细菌都可抑杀的阿莫西林粉针即可。

4. 事后分析

产后4~6天去势，母源抗体可帮仔猪抗感染，此时灌服阿莫西林粉针效果最好。一般1支灌服25kg仔猪，一天2次，连用3天即可。而肠道疾患可灌服口服不吸收类药物，如链霉素等药物。

哺乳仔猪的抗感染用药

黄白痢灌服博洛回

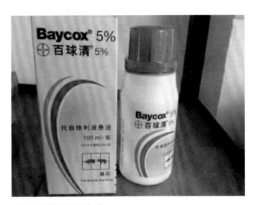

球虫病灌服百球清

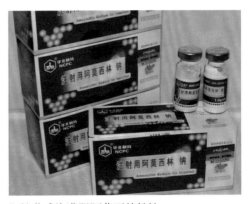

阳性菌感染灌服阿莫西林粉针

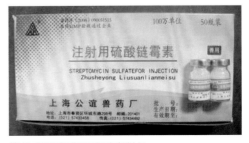

阴性菌感染灌服链霉素粉针

哺乳仔猪的免疫接种

（八）仔猪免疫接种的四步法

1. 事前准备

（1）哺乳仔猪免疫程序的准备。

（2）哺乳仔猪免疫药品的准备。

（3）哺乳仔猪免疫器具的准备。

（4）哺乳仔猪免疫方法的准备。

2. 事中操作

（1）哺乳仔猪免疫程序的落实。

一般为1日龄伪狂犬鼻腔喷雾免疫，4~7日龄支原体鼻腔喷雾免疫，10~14日龄圆环病毒注射免疫，23~25日龄猪瘟细胞苗注射免疫。

（2）哺乳仔猪免疫药品的落实。

伪狂犬可选用基因缺失苗，支原体可选用齐鲁弱毒苗、圆环病毒病可选用灭活苗，猪瘟可选高效细胞苗。

（3）哺乳仔猪免疫器具的落实。

伪狂犬和支原体可选专用的小型喷雾器具，而猪瘟和圆环可选用注射器。

（4）哺乳仔猪免疫方法的确定。

伪狂犬和支原体均可用喷雾的方法进行鼻腔黏膜免疫，而圆环和猪瘟均可选用肌注方法进行免疫。

3. 要点监控

（1）尽量少采用注射免疫的方法。

伪狂犬和支原体的免疫是通过鼻腔黏膜进行的，不受母源抗体干扰。

（2）免疫接种要有效。

要根据抗体检测结果制定免疫程序，疫苗产品、免疫方法都要达标。

4. 事后分析

一般哺乳仔猪要进行伪狂犬、支原体、圆环、猪瘟的首免。

1日龄的伪狂犬喷鼻免疫

6日龄的支原体喷鼻免疫

11日龄的圆环注射免疫

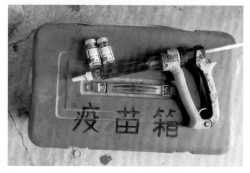

断奶2天后，仔猪在产床上免疫猪瘟疫苗

（九）哺乳仔猪开口诱食的四步法

1. 事前准备

（1）哺乳仔猪开口料的准备。

（2）哺乳仔猪开口饲喂方法的准备。

（3）哺乳仔猪开口饲喂时间的准备。

2. 事中操作

（1）哺乳仔猪开口料中的玉米、大豆、大米等原料要经过膨化处理，要加入乳清粉、鱼粉、肉骨粉等优质蛋白原料，要平衡氨基酸，要加入微生态制剂等。

（2）哺乳仔猪开口饲喂方法的落实。

刚开始诱食可在仔猪料槽中少量撒布一些开口料，诱导仔猪拱食；随着其采食量的增多而加大饲喂量。

（3）哺乳仔猪开口饲喂时间的确定。

一般为12日龄左右开始诱食，过早进行没有采食效果；过晚开食很难吃到400g的开口诱食量。

3. 要点监控

（1）仔猪必然要由吃奶转为吃料，只要在哺乳期吃到400g日粮，即可避免断奶后消化不良性腹泻的发生。

（2）过早进行开口诱食无实际意义，从12日龄开始诱食，才能确保21日龄断奶时，吃进400g开口料。

（3）哺乳仔猪开口采食的过程，也即胃肠、胰腺等消化器官启动及适应消化吸收饲料营养的过程。经过这一逐步适应的过程后方可断奶。

4. 事后分析

开口诱食是哺乳仔猪阶段重要的工作内容之一，这个基础工作的达标，直接影响生长猪的一生。

哺乳仔猪的开口诱食

仔猪在12日龄开口诱食

采用仔猪开口料

贯彻少给勤添的原则

每头采食400g即可断奶

哺乳母猪的适时断奶

母猪 7 成膘时即须断奶

（十）适时断奶的四步法

1. 事前准备

（1）保育仔猪舍的准备。

（2）断奶时机的准备。

（3）断奶方法的准备。

（4）断奶时注意事项的准备。

2. 事中操作

（1）保育仔猪舍的落实。

哺乳仔猪断奶前要备好保育仔猪舍，室温要达到24℃，要备有保温箱，内设电热炕，温度要达到28℃，要消毒后备用。

（2）断奶时机的把握。

哺乳仔猪的断奶时机为：已吃到400g左右的开口料，母猪的体况为 7 成膘，此时即为可以断奶的时机。

仔猪采食 400g 开口料即可断奶

（3）断奶方法的实施。

可以先将母猪赶下产床，留下仔猪在产床上，待第 3 天猪瘟免疫后，再饲养 2 日即可转群到保育舍。

（4）断奶注意事项的把握。

断奶是猪只一生最大的应激，首先要备好保育舍；其次是要有一个去母留仔的适应过度，最后是仅能有断奶一个应激。

3. 要点监控

（1）在母猪赶下产床的第三天上午，进行猪瘟首免。此时即不受母源抗体的干扰，仔猪又已适应了断奶的应激。

断奶方式为去母留仔

（2）保育猪舍要提前进行调试和消毒，确保舍温 24℃，保温箱 28℃，转群时只能有一个转猪的应激因素存在。

4. 事后分析

（1）哺乳仔猪断奶要提前准备好各种事项，只能存在一个转群应激因素。

（2）操作过程进行教学效果好。

猪瘟免疫 2 天后再转群

二、保育猪日常操作关键点的培训

（一）创造适宜保育条件的四步法

1.事前准备

（1）保育仔猪舍保温处理的准备。

（2）保育仔猪舍清粪处理的准备。

（3）保育仔猪舍合理密度的准备。

（4）保育仔猪舍卫生消毒的准备。

2.事中操作

（1）保育仔猪舍保温处理的落实。

舍内空气保温24℃，由热水供暖；保温箱地面温度为28℃，由电热供暖。

（2）保育仔猪舍清粪处理的落实。

采用采食、躺卧、运动、排泄四区管理，采用地窗口清粪，一天2次。

（3）保育仔猪舍合理密度的落实。

散养模式，每头仔猪占地1.2m²。

（4）保育仔猪舍卫生消毒的落实。

在排泄区上方设有臭氧消毒器进行舍内消毒。采用粪沟在外的紫外线消毒方式，进行彻底、快速的卫生消毒。

3.要点监控

（1）在转猪前一周，仔猪保育舍的硬件改造就要完成，然后进行调试、消毒、空舍处理等待仔猪转入。

（2）实行地面散养、四区管理、地窗口清粪，每天要清粪两次方可。

（3）要尽量减少饲养密度，每头以1.2m²为宜，以舒适的空气环境防止猪群呼吸道病的发生。

4.事后分析

（1）适宜的外部环境对保育仔猪的健康生长发育至关重要。

（2）要在保温、清粪、密度及卫生消毒等方面奠定适宜环境的基础。

保育舍的适宜条件

保育舍的锅炉供暖

保育舍的地热供暖

保育舍的密度要适宜

保育舍的清粪要1天2次

（二）保育仔猪逐步变料的四步法

1. 事前准备

（1）保育初期三种饲料的准备。

（2）保育初期逐步变料时间的准备。

（3）保育初期变料方法的准备。

2. 事中操作

（1）保育初期三种饲料的落实。

其一是哺乳仔猪开口料；其二是保育仔猪过渡料；其三是保育仔猪料，这三种料都是保育初期所必需的。

（2）保育初期逐渐变料时间的落实。

其第一周继续饲喂哺乳仔猪开口料，其第二周饲喂保育仔猪过渡料，其第三周饲喂保育仔猪料至10周龄。

（3）保育初期变料方法的落实。

在第一周饲喂哺乳仔猪开口料，第二周哺乳仔猪开口料和保育仔猪料各占50%，第三周全部改为保育仔猪料。

3. 要点监控

（1）断奶后第一周的处理。

断奶后第一周不变料，让断奶应激因素最小化，同时也要相应减轻其他应激因素的刺激力度。

（2）断奶后第二周的处理。

断奶第二周饲喂过渡料，而哺乳仔猪开口料仍占50%部分，以减轻应激力度。

（3）断奶后第三周的处理。

经过前2周的逐步变料处理，在第三周即可全部变为保育仔猪料。

4. 事后分析

哺乳仔猪断奶，从吃奶到吃料是个逐步适应的过程。只有顺应这个特点，才能减少变料应激造成的伤害。

保育仔猪的逐步变料

断奶第1周继续饲喂开口料

断奶第2周采食断奶过渡料

断奶第3周改喂保育料

保育舍采用自由采食方式

缓解应激的处理

（三）保育仔猪缓解应激的四步法

1. 事前准备

（1）缓解管理性应激的准备。

（2）缓解物理性应激的准备。

（3）缓解化学性应激的准备。

（4）缓解营养性应激的准备。

（5）缓解生物性应激的准备。

2. 事中操作

（1）缓解管理性应激的操作。

要科学制定生产计划，将转群、免疫、运输等分别安排，避免应激重叠刺激。

（2）缓解物理性应激的操作。

对保育仔猪的主要应激因素是寒冷，要达到舍温 24℃，保温箱内 28℃。

（3）缓解化学性应激的操作。

其主要是防止有害气体、各种药物及饲料霉变带来的化学性损伤。

（4）缓解营养性应激的操作。

对保育猪来讲，主要是防止突然变料和营养缺乏带来的营养性应激。

（5）缓解生物性应激的操作。

其主要是防止病毒、细菌、亚细菌和寄生虫性病源微生物的混合感染。

3. 要点监控

（1）单一应激因子的可控性刺激必将带来机体各系统的生理性反应。

（2）各种应激因子的重叠性刺激，必将带来机体各系统的病理性损伤。

（3）要采取有效措施，防止叠加性应激因素刺激性损伤的发生。

4. 事后分析

各种应激因素重叠刺激是疾病发生的起因，故此，采取有效措施及时消除应激刺激是重要的。

保育舍温度要达标

保育地面要设地热炕

保育舍要保持适宜密度

转群后要饮服抗应激药物

（四）保育仔猪免疫接种的四步法

1. 事前准备

（1）保育仔猪免疫程序的准备。

（2）保育仔猪免疫疫苗的准备。

（3）保育仔猪免疫方法的准备。

2. 事中操作

（1）保育仔猪免疫程序的编制。

保育阶段主要是在 35 日龄进行伪狂犬二免，60 日龄进行猪瘟二免，67 日龄进行口蹄疫 AO 型首免，至于圆环、蓝耳的免疫另根据猪场疫情而定。

（2）保育仔猪免疫疫苗的确定。

伪狂犬免疫可选用双基因缺失苗，口蹄疫免疫可选用 AO 二联灭活苗，猪瘟免疫可选用高效细胞苗；圆环、蓝耳的免疫可选用化验检测确定的适宜产品。

（3）保育仔猪免疫方法的确定。

伪狂犬免疫可选用肌注方法，每头1.5 头份，口蹄疫免疫也为肌注方法，每头2mL，猪瘟免疫可选用肌注法，每头 1.5 头份，圆环、蓝耳免疫方法同上，用量见说明。

3. 要点监控

（1）圆环疫苗的选择主要为检测其抗原量，然后确定是否选用。

（2）蓝耳疫苗主要以疫苗株与野毒株的血清型是否一致来确定是否选用。

（3）口蹄疫疫苗主要选用 AO 型二联苗，以提高其免疫效果。

（4）猪瘟、伪狂犬疫苗仍与首免所用疫苗一致即可。

4. 事后分析

保育仔猪免疫时，用木制隔板将猪群紧密隔挡在一角，然后一边消毒、一边注射、一边画记号地有序进行。

保育仔猪的免疫接种

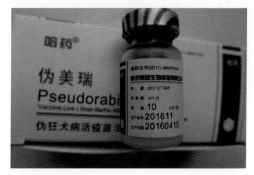

35 日龄的伪狂犬免疫

42 日龄的圆环免疫

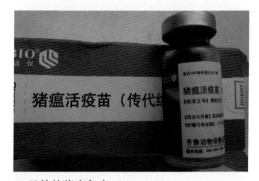

60 日龄的猪瘟免疫

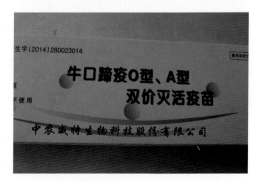

67 日龄的口蹄疫免疫

（五）保育仔猪保健驱虫的四步法

1. 事前准备

（1）保育仔猪保健驱虫程序的准备。

（2）保育仔猪保健驱虫药物的准备。

（3）保育仔猪保健驱虫方法的准备。

2. 事中操作

（1）保育仔猪保健驱虫程序的确定。

保育阶段有 2 个保健用药和一个驱虫用药，保健用药一个是断奶后第一周；另一个是 50 日龄左右用药一周，驱虫用药是 40 日龄后连用一周。

（2）保育仔猪保健驱虫药物的确定。

断奶后保健用药宜选用紫椎菊制剂、支原净和阿莫西林复方制剂；50 日龄保健宜选用氟苯尼考和强力霉素制剂；驱虫用药宜选用芬苯达唑伊维菌素制剂。

（3）保育仔猪保健驱虫方法的确定。

保育仔猪的保健用药和驱虫用药均采用拌料方法喂服；如为颗粒料，则须将药物兑水，然后用喷壶均匀地喷洒在饲料上，边翻边喷即可均匀沾在料面上。

3. 要点监控

（1）断奶后第一周的保健用药，对保育初期离开母源抗体保护阶段至关重要，可使其有效对抗疫病混感症的发生。

（2）40 日龄左右的保育仔猪需首次使用驱杀体内外寄生虫的药物，一般拌料饲喂，连用 7 天为一疗程。

（3）50 日龄左右的抗呼吸道与消化道感染用药，可连用 7 天拌料用药。

4. 事后分析

保育期的保健驱虫是人为地提高抗病力和降低致病力。故此，在保育阶段的二保一驱成为必要的程序。

保育仔猪的保健驱虫

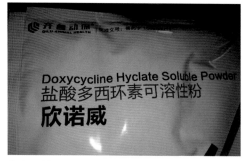

断奶后第 1 周的抗混感用药

45 日龄后的驱杀寄生虫用药

50 日龄驱杀副红体的用药

60 日龄驱杀弓形虫的用药

三、育成育肥猪日常操作关键点的培训

（一）育成育肥猪适宜环境的四步法

1. 事前准备

（1）冷暖床的准备。

（2）冬季防寒设施的准备。

（3）夏季防暑设施的准备。

（4）机械清粪设施的准备。

（5）适宜密度的准备。

2. 事中操作

（1）冷暖床是现代猪舍的必备环控设施，其可一年四季保持地面温度为18℃。

（2）冬季防寒设施最好用无压锅炉的热水循环来解决最经济。

（3）夏季防暑设施最好选用湿帘通风和高压喷雾降温设施来解决。

（4）机械清粪设施最好选择粪沟在舍外的机械清粪方式。

（5）育成育肥猪的饲养密度最好能控制在每头占地 1.5~1.8m^2 为适宜。

3. 要点监控

（1）要抓住新建和改建这一时机进行现代猪舍地热系统的改造。

（2）最廉价的防寒设施是塑料大棚。

（3）夏季防暑，最有效的为湿帘降温和高压喷雾降温，但须有发电机组做保障。

（4）机械清粪在舍外进行，虽然不好看，但紫外线杀菌消毒效果是最好的。

（5）育肥猪每头占地 1.8m^2，经济效果是最好的，故此，不要盲目增加饲养密度。

4. 事后分析

现代猪只栖息环境的优劣，直接决定猪场疫病的多少，故此，要千方百计地提高猪舍的舒适度。

育成育肥舍的适宜环境

实体地面的冷暖床设计

半漏缝地板及机械清粪

机械供料

提倡用碗式饮水器饮水

（二）育成育肥猪保健驱虫的四步法

1.事前准备

（1）育成育肥猪保健驱虫程序的准备。

（2）育成育肥猪保健驱虫药物的准备。

（3）育成育肥猪保健驱虫方法的准备。

2.事中操作

（1）育成育肥猪保健驱虫程序的确定。

一般在育成、育肥期，每月一次进行保健用药一疗程和驱虫用药一疗程。

（2）育成育肥猪保健驱虫药物的确定。

育成期保健药物可选择氟苯尼考和多西环素复方，而育肥期保健药物可选择泰妙菌素、阿莫西林和土霉素复方；而驱虫药物均选用复方伊维菌素制剂即可。

（3）育成育肥猪保健驱虫方法的确定。

一般是选用将药物拌入饲料中进行饲喂即可，如果饲料为颗粒型时，须将药物用水溶化，喷洒在颗粒料上；边喷边拌，药物均匀留在料面上即可饲喂。

3.要点监控

（1）丹毒、肺疫、传胸、支原体、副伤寒、副猪病、体内外寄生虫等是育成、育肥阶段的易发病，故要每月一次进行药物预防一疗程。

（2）驱虫药多选伊安诺等伊维菌素复方制剂，而抗菌药要注意复方增效、口服吸收、轮换使用等原则，尽量防止耐药性的产生。

4.事后分析

育成育肥猪的驱虫保健用药是猪场提高抗病力和减少致病力的重要措施，也是未病先防的有效方法。

育成育肥猪的保健驱虫

驱杀体内外寄生虫的药物

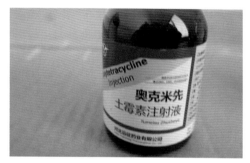

驱杀血虫、弓形虫的药物

抗呼吸道感染的药物

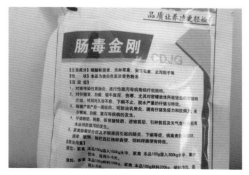

抗消化道感染的药物

防咳喘的操作

（三）育成育肥猪防治咳喘的四步法

1. 事前准备

（1）防治咳喘病用药程序的准备。

（2）防治咳喘病药物产品的准备。

（3）防治咳喘病用药方法的准备。

2. 事中操作

（1）防治咳喘病用药程序的确定。

① 在哺乳期做好伪狂犬、猪瘟、支原体、圆环、蓝耳免疫程序的制定与执行。

② 在断奶前后，做好支原体、链球菌、副猪病用药程序的制定与执行。

③ 育成、育肥期要做好猪肺疫、胸膜肺炎、支原体病等用药程序的制定与执行。

（2）防治咳喘病药物产品的确定。

① 选择好伪狂犬、猪瘟、支原体、圆环、蓝耳等疫苗产品及有效进行免疫。

② 选择好泰妙菌素、阿莫西林、金霉素、泰乐菌素、多西环素等药物。

（3）防治咳喘病用药方法的确定。

① 一般无病大群选择拌料用药，连用 7 天为一疗程，用药量见说明。

② 有病个体注射氟苯尼考或恩诺沙星长效注射液，2 天 1 次，连用 3 次。

3. 要点监控

（1）要在哺乳和保育期做好猪瘟、伪狂犬、支原体、圆环、蓝耳病的首免、二免工作，确保无上述特定病。

（2）要在育成、育肥阶段选择适宜的复方药物，进行标本兼治的预防用药；对个别病猪采用注射用药进行治疗。

4. 事后分析

（1）呼吸道综合征是猪场常见病。

（2）对此病要采用综合防制措施。

（3）减少密度也是有效预防措施之一。

做好支原体的免疫工作

做好圆环病的免疫

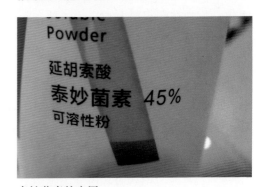

泰妙菌素的应用

氟苯尼考的应用

设施养猪的操作

（四）开展设施养猪的四步法

1. 事前准备

（1）做好设施养猪硬件建设的准备。

（2）各种设施使用技术学习的准备。

（3）各种设施维修技术学习的准备。

2. 事中操作

（1）做好设施养猪硬件建设的落实。

① 对于新建场，要根据健康养猪的要求，做好六大工程防疫设施的建设工作。

② 对于老场改造，可在春、秋两季做好以控温为中心内容的设施改造工作。

（2）各种设施使用技术培训的落实。

① 制定猪场多面手培训制度，猪场各班组长必须熟练掌握8大技能。

② 通过师带徒的方法，对有关设施养猪技能进行传、帮、带。

（3）各种设施维修技术培训的落实。

要制定各种设施日常保养、维修制度，通过培训提高员工设施养猪的技术素质；将具体责任和奖惩条款落实到操作者头上，并在月底进行奖惩兑现。

3. 要点监控

（1）要在关键环节上，抓好新场设施建设及老场设施改造工作。

（2）要认真组织各班组长及技术骨干学习设施养猪操作、保养、维修技术。

（3）要落实设施养猪责任制等各项规章制度，并落实好传、帮、带工作。

4. 事后分析

（1）设施养猪是现代猪场的一大特征，要认真抓好各班组长及技术骨干的多面手培训工作。

（2）结合养猪设施岗位责任制的落实，月底进行奖惩兑现。

机械上料的操作

机械清粪的操作

机械通风的操作

锅炉供暖的操作

第四章

设施养猪关键点的培训

一、知识链接

（一）"设施养猪装备的种类及简介"

因猪场的规模不同、品种不同和机械化水平的不同，进而导致其所具有的设备也不同；但其都包括了饮水设备、饲喂设备、环控设备、除粪设备、清毒设备和粪污处理设备等。现分别简介如下。

1. 饮水设备

从广义上讲，其包括水井、水泵、一级输水管道、闸阀、二级输水管道、三级输水管道和各种饮水器等。

2. 饲喂设备

根据饲料的种类不同，相应的饲料设备分为干饲料饲喂设备、湿饲料饲喂设备和稀饲料饲喂设备三大类型。

3. 环控设备

猪舍环境的控制设备主要包括通风设备、降温设备、加温设备、照明设备及环境综合控制器等。

4. 清粪设备

猪舍常用的清粪设备有刮板式清粪机、自流式清粪设备、水冲式清粪设备等，辅助设施为漏缝地板等。

5. 粪污处理设备

液态粪的处理设施有固液分离机、生物处理塘、氧化沟和沼气池等；固态粪的处理设备以浅槽、深槽好氧发酵干燥设备为主。

饮水设施

饲喂设施

环控设施

清粪设施

6.消毒设备

共主要包括：高压冲洗机、紫外线消毒机、各种雾化消毒机、高压灭菌设备等设施。

（二）猪场设施安全使用常识

（1）使用前，必须认真阅读说明书，牢记正确的使用方法和操作动作。

（2）充分理解警示检签，如有破损或遗失，必须重新修整或粘贴。

（3）身体不适、睡眠不足、饮酒过度、精神失常人员严禁操作猪场设施。

（4）在操作前要着装整齐，严防旋转设施缠绕衣服而造成伤害。

（5）在作业、检查和维修时，不能让闲人或儿童靠近，以免造成危害。

（6）不得随意调整、改装机械设备，以免损伤机械部件或造成意外损伤。

（7）猪场设施不得超载、超负荷使用，以免造成设施机部件损伤。

（8）使用猪场设施必须提前培训，驾驶员必须持证方可上岗。

二、本章内容提要

（一）饮水设备操作的培训

（二）饲喂设备操作的培训

（三）通风设备操作的培训

（四）湿帘降温设备操作的培训

（五）热风炉设备操作的培训

（六）光照设备操作的培训

（七）背负式手动喷雾机操作的培训

（八）高压清洗机操作的培训

（九）喷雾降温设备操作的培训

（十）常温烟雾机操作的培训

（十一）往复刮板式清粪机操作的培训

（十二）柴油发电机操作的培训

（十三）电焊机操作的培训

猪场主要的机电设施（2）

消毒设施

供电设施

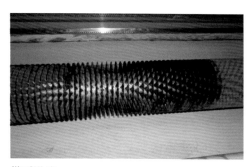

供暖设施

化验设施

第一节　饮水设备操作的培训

一、知识链接

"各种饮水器的工作原理与应用"

（一）各种饮水器的工作原理

1. 9SIB-330 型杯式饮水器

猪饮水时，用嘴拱动压板，使阀杆偏斜，阀杆上的密封圈偏离阀体上的出水孔，水则流出至杯盒中，供猪饮用；当猪离开后，阀杆密封圈和弹簧复位，水便停止流出。

2. 重力密封杯式饮水器

阀杆靠水管中的水压和自身重量而紧贴阀座，管中的水不能从阀座的孔中流出；当猪饮水触动压板，使阀杆倾斜，水则沿其缝隙从孔中流入杯盒，则猪只饮用。当猪离开后，阀杆复位，水便停止流出。

3. 饮水碗的工作原理

猪饮水时，用嘴触动阀杆，阀杆向上移动顶起钢球，水则通过其与阀体的缝隙流出，供猪饮用；为了减少水的浪费，可在乳头阀杆下面加一接水碗，猪可以喝到水碗的水。

4. 鸭嘴式饮水器的工作原理

猪饮水时，将鸭嘴式饮水器含在嘴中，用牙咬阀杆使其倾斜，阀杆端部的密封胶垫偏离阀体的出水孔，水从间隙中流出，流入猪的口腔；猪不咬动阀杆时，弹簧使阀杆复位，其密封垫又将水孔堵死而停止供水。

（二）各种饮水器的应用

饮水器的水流速度和安装高度

水井

净水器

供水管道

水塔

项目 猪别	水流速度 (mL/min)	安装高度 (mm)
成年公猪	2000~2200	600
空怀母猪	2000~2200	580
妊娠母猪	2000~2200	580
哺乳母猪	2200~2500	580
哺乳仔猪	300~800	120
保育仔猪	800~1300	280
育成猪	1300~1800	320
育肥猪	1800~2000	380
后备种猪	1800~2000	380

饮水设施（2）

水罐

在大栏中饲养的猪群，每 8~10 头猪配置 1 个饮水器，当猪群多于 10 头时，要配置 2 个饮水器。

尽量选择饮水碗，以防止猪饮水时往外溅水，以保持舍内干燥，并减少液态粪的后期处理量。

鸭嘴式饮水器

二、饮水设备操作的四步法

（一）事前准备

（1）检查饮水器的规格和安装高度。

（2）清洁饮水器。

（3）检查饮水器的技术状态。

（4）检查供水管的水压、水质和管道的密封性能。

（5）检查阀门等控制装置的灵敏度和可靠性。

产床上的水碗

（二）事中操作

（1）饮水设备技术状态检查合格后打开阀门。

（2）清洁饮水设备。

（3）观察猪只饮水情况。如发现饮水器不出水，应及时查明原因，检修阀杆、橡胶垫、不锈钢弹簧等零件，排除故障以及时供水。

（4）发现管道有泄漏或饮水器不出水应

保育舍上的水碗

立即关闭阀门，并排除故障。

（5）每天饮水结束，视情况清洗饮水器。

（三）及时维护

（1）检查饮水器安装是否牢固，供水功能是否合格。

（2）定期采用高压水冲洗消除饮水器沉淀污染、吸附污染和生物污染。冲洗方法是在每根饮水管连接减压水箱的地方安装一个三通，一个开口接饮水管，二个开口各接一个闸阀开关，一个闸阀开关与减压水箱连接，供饮水用；一个闸阀开关与冲洗水管相连，供冲洗用，冲洗时打开冲洗闸阀，关闭饮水闸阀；饮水时则相反，这种冲洗法简便易行，效果好。

（3）定期检查饮水器的工作性能是否良好，调整和紧固螺栓，发现故障更换零件。

（4）每天饮水结束，对饮水器进行清洗。

（四）故障排除

1. 不来水

（1）水压太低，需提高水压。

（2）阀门未打开，需打开阀门。

（3）水管或饮水器堵塞，需清除堵物。

（4）饮水器损坏，需更换饮水器。

（5）过滤器堵塞，需更换过滤器。

2. 管道漏水

（1）密封件损坏，需更换密封件。

（2）管道老化，需更换管道。

（3）接头松动或老化，需加强接头密封或更换连接管件。

（4）开关或阀芯磨损，需修复或更换开关、阀芯。

饮水设施的保养与维修

水管漏水的维修

饮水器位置不当的维修

饮水器漏水的维修

水泵的维修

搅龙式干饲料饲喂机的工作过程

检查搅龙式干饲料饲喂机的技术状态

第二节　饲喂设备操作的培训

一、知识链接

"干饲料喂料设备的工作原理"

（一）搅龙式干饲料喂料机的工作原理

（1）喂料机在工作开始时，首先开动加料搅龙电动机，搅龙向靠近料仓的第一个不限量饲槽加料；当该饲槽加满后，饲料进一步把饲槽上方的垂直管道也加满。

开动加料搅龙电机

（2）此后搅龙推动饲料加入第二个饲槽，依此类推，饲槽相继加满；在最后一个饲槽内装有最高和最低料位开关，当其加满料时，最高开关起作用，关闭加料搅龙电动机。

（3）各料槽下面都有最低料位开关，随着采食料位下降到低于最低料位开关时，加料搅龙电动机又开始启动，带动搅龙又重新把各饲槽加满饲料。当最后一个饲槽加满料后，最高料位开关启动，再次把电动机关闭。

此种干饲料喂料机适用于自由采食的生长猪使用。

搅龙在向不限量饲槽中加料

（二）干饲料计量分配器的工作原理

（1）常用的干饲料计量分配器为容积计量式，主要由带计量刻度的料筒、上活门、回位弹簧、浮球和下活门等组成。

（2）平时下活门处于关闭状态，当料箱中无料时，上活门在浮球重力作用下打开，输料管中的饲料落入料箱；当饲料落到设定容积时，饲料托住浮球，浮球重力失去作用时上活门关闭，该料箱停止进料，输料管向下一个料箱送料，直至最后一个料箱。

搅龙在向限位饲槽中加料

（3）当最后一个料箱加满后，其上的控制器关闭电动机，整个输料过程结束。饲喂时有饲养员拉动全舍干饲料计量分配器下活门的拉绳，定量的饲料就会落到食槽中，饲料落完后下活门关闭，控制器启动电动机进行下一次的加料工作。

此干饲料计量分配器适用于限量饲料的繁殖猪群。

二、饲喂设备操作的四步法

（一）事前准备

（1）检查电源电压和电路的技术状态。

（2）检查电动机或发动机的技术状态。

（3）清洁饲喂设备。

（4）检查保护、控制装置的灵敏度和可靠性。

（5）检查输送装置的技术状态。

（6）检查计量装置的灵敏度和可靠性。

（7）检查输料泵的技术状态。

（8）检查管道的密封性。

（9）检查饲槽安装高度和技术状态。

（10）检查各连接件的牢固性。

（11）根据猪的品种、用途准备饲料。

（二）事中操作

1. 干饲料喂料设备的操作

（1）干饲料饲喂机具技术状态检查合格后，启动动力；先将送料车或猪舍外料塔的饲料送入料箱。

（2）根据猪的品种、日龄、用途调整限量装置或出料间隙。

（3）启动驱动装置，进行送料。

（4）部分机型打开手动阀门或活门，饲料即排入料槽并开始喂料。

（5）观察输送装置送料情况，发现问题，

干饲料计量分配器的工作过程

检查干饲料计量饲喂器的技术状态

饲养员拉动计量分配器的拉绳

限饲母猪可同时采食（1）

限饲母猪可同时采食（2）

即时停机，查明原因，排出故障。

（6）观察防止饲料架空，发现架空立即排除。

（7）输送结束后，要关闭总电源。

2.稀饲料喂料设备的操作

（1）稀饲料喂料机具技术状态检查合格后，启动动力。

（2）先向饲料调剂室加水（冬季加20~30℃温水），每批的加水量为调制室容积的70%～80%。

（3）打开料箱下面的配料螺旋进行配料，同时开动搅拌机搅拌饲料。

（4）调节搅拌机控制板，控制饲料与水的比例为1：3左右。

（5）搅拌均匀后再启动输料泵，由输料泵把调制室内稀饲料泵入主输料管道。

（6）采用手动喂料装置的，待回料口有饲料流出时，关闭回料阀门并打开各手动阀门，饲料即排入饲槽并开始饲喂。

（7）采用自动喂料装置的，各气动阀按程序自动开启，使稀饲料按顺序定量流入各食槽中，其放入量由饲料调节板控制。

（8）饲喂结束后，向泵内供水清洗管道，将残余于管道内的饲料回收到调制室内，以备下次喂饲。同时对管道进行清洗，然后关闭总电源。

3.移动式喂料车的操作

（1）移动式喂料车机具技术状态检查合格后启动动力。

（2）将喂料车先开到饲料加工间，将配合全价料装入料箱。

（3）然后将喂料车开进猪舍。

（4）启动搅龙输送装置，喂料车由猪舍一端向另一端行驶。此时料箱中的饲料经输送装置输送到猪舍的饲槽中，供猪群采食。

机械上料的配套设施

舍外的饲料塔

舍外的搅龙

不限量饲槽在上料

限料分配器在上料

（5）喂料车行驶至终端后，再倒退至起点供料。

（6）一栋猪舍供料结束，然后再到饲料加工间装料，给另一栋猪舍供料。

（7）供料结束后，清洁料箱，合上防护罩壳，防止落入灰尘等。

（8）维护保养喂料车。

（三）及时维护

1. 干饲料喂料设备的技术维护

（1）清洁喂料设备。

（2）饲喂前和结束后，清洁食槽及剩余饲料。

（3）定期保养电动机，并对轴承孔加注润滑油。

（4）定期检查维护保养驱动装置和输送装置，保持性能良好。

（5）检查调整出料口间隙，使其符合技术要求。

（6）定期检查维护保养管道，保持其密封性能良好。

（7）定期检查紧固螺栓，无松动。

（8）检查校正或修复饲料计量分配器。

2. 稀饲料喂料设备的技术维护

（1）参照干饲料喂料设备的技术维护标准执行，略。

（2）检查维修饲料调剂室及搅拌机等专用设备。

3. 移动式喂料车的技术维护

（1）清洁喂料车。

（2）对发动机进行维修保养，如检查或添加冷却水、机油、燃油，检查调整气门间隙等。

（3）定期对底盘进行维护保养，特别是检查调整离合器踏板自由行程、离合器爪分

机械上料设施的保养

检查上料器

检查上料搅龙的密封性

拧紧松动的螺丝

调整、修正计量分配器的刻度

离间隙、制动间隙和轮胎气压等。

（4）定期对电器和液压系统进行维护保养。

（5）参照喂料设备维护标准定期维护输送饲料装置。

（四）故障排除

1. 干饲料喂料设备故障排除

（1）出料口无饲料输出。

① 料箱中无饲料，需料箱中加饲料。

② 料箱饲料架空，需振动消除架空。

③ 输送装置损坏，需修复或更换。

④ 进料口堵塞，需排除堵塞。

⑤ 电机损坏，需修复电机。

（2）输送途中有饲料洒出。

① 管道结合部松动，需拧紧管道连接螺栓。

② 管道结合部密封不良，需更换密封件。

③ 管道损坏，需更换管道损坏部件。

④ 活门等闸阀损坏，需修复或更换活门等闸阀。

（3）饲料下料太多，溢出槽外。

① 出料调节板间隙太大，需调小出料调节板间隙。

② 计量分配器失灵，需校准或修复计量分配器。

2. 稀饲料喂料设备的故障与排除

（1）出料口无饲料输出。

① 输送装置磨耗严重或损坏，需修复或更换。

② 电机损坏，需修复电机。

（2）输送途中有饲料漏出。

① 管道接合部松动，需拧紧管道连接螺栓。

上料设施故障的排除

搅龙无饲料输出

输送管道有饲料漏出

饲料因下料过多而溢出

计量分配器失灵原因的分析

②管道结合部密封不良，需更换密封件。

③管道损坏，需更换管道损坏部件。

④活门等闸阀损坏，需修复或更换活门等闸阀。

（3）下料太多溢出槽外。

主要是出料调节板间隙太大，需调小出料调节板的间隙。

（4）合上开关后，电路不通。

①保险丝烧坏，需更换保险丝。

②线路破损断相，需接好线并用绝缘胶布缠好。

③插座松动，接触不良，需修复插座或更换新的插座。

（5）电动机不工作。

①电容损坏，需更换电容。

②线路破损断相，需接好线并用绝缘胶布缠好。

③电动机损坏，需修复或更换电动机。

3. 移动式喂料车的故障与排除

（1）离合器打滑。

①离合器踏板自由行程过小，需检查调整踏板的自由行程。

②离合器分离系统故障，需检查离合器踏板是否卡滞，回位是否有力，每只离合器分离杠杆高度是否符合要求。存在以上故障者要给予修复。

③压紧机构故障，需检查离合器盖与飞轮的紧固螺钉，如松动需紧固；压紧弹簧如失效，需更换，并要清洗压盘油污。

④摩擦破损、磨损及油污，需检查摩擦片、飞轮端面有无油污，摩擦片是否变薄、变形。如存在上述故障须更换。

上料用电动设施的维修

电机不运转

保险丝断了

线路破损，要用胶布缠好

插座松动，要重新拧紧

（2）离合器分离不彻底。

① 离合器自由间隙过大，需检查调整离合器踏板自由行程。

② 离合器分离系统故障，需调整三个分离杠杆高度和分离杠杆支架及支架销。

③ 摩擦片翘曲时，需分别挂前进挡和倒挡试验，若感沉重且有变化，则认定故障为从动盘翘曲、铆钉松动和摩擦片破裂，需重新更换上述零部件。

④ 发动机固定不牢或曲轴轴间间隙过大时，需固定发动机重新调曲轴间间隙。

（3）制动不良。

① 总泵进油孔堵塞、出油阀损坏，系统内有空气，需排放制动油管内的空气，若仍制动不良，需检查总泵。

② 制动踏板自由行程过大，需检查调整制动踏板的自由行程。

③ 制动器间隙过大，摩擦片严重磨损或接触不良，需调整摩擦片与制动鼓的间距，清洗或更换摩擦片。

④ 制动泵卡阀时，需清洗制动泵。

⑤ 制动液缺少，管道内有空气，需添加制动液，排出管道内空气。

⑥ 制动管道系统有泄漏时，需排除泄漏点。

（4）大灯不亮。

① 蓄电池无电或灯泡损坏，需用火花法检查蓄电池是否有电，更换灯泡试验。

② 保险丝熔断，需检查及更换保险丝。开关接触不良，需用短路法（短路开关两接线柱）加以判断。

各种猪只在采食

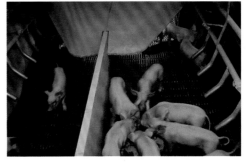

哺乳仔猪在采食

保育仔猪在采食

育成育肥猪在采食

妊娠母猪在采食

191

通风设施使用前的检查

检查电机的技术状态

第三节　通风设备操作的培训

一、知识链接

轴流式、离心式风机的工作原理

（一）轴流式风机的工作原理

当风机叶轮被电动机带动旋转时，机翼型叶片在空气中快速扫过，其翼面冲击叶片间的气体质点，使之获得能量并以一定的速度从叶道沿轴向流出。与此同时，翼背牵动背面的空气，从而使叶轮入口处形成负压并将外界气体吸入叶轮。这样，当叶轮不断旋转时就形成了平行于电动机转轴的输送气流。

检查风扇的技术状态

（二）离心式风机的工作原理

空气从进气口进入风机，当电动机带动风机的叶轮转动时，叶轮在旋转时产生离心力将空气从叶轮中甩出，从叶轮中甩出的空气汇集在机壳中。由于速度慢，压力高，空气便以通风机出口排出流入管道。当叶轮中的空气被排出后，就形成了负压，吸气口外面的空气在大气压的作用下又被压入叶轮中。因此叶轮不断旋转，空气也就在通风机的作用下，在管道中不断流动。

检查风机叶片的技术状态

二、通风设备操作的四步法

（一）事前准备

（1）检查机电共性技术状态。

（2）检查风扇安装的高度。

（3）检查风机叶片技术状态。

（4）清洁通风设备表面。

（5）检查电源和电线管路。

清洁通风设施表面

（6）检查电控装置灵敏度。

（7）电机轴承注油孔加油润滑。

（8）检查紧固各连接螺栓。

（二）事中操作

（1）检查通风设备技术状态在符合要求后开启电动机。

（2）启动前先关闭风机风门，以减少启动时间和避免启动电流过大。

（3）待风机转数达到额定值时，将风门逐步开启投入正常运行。

（4）带有转数旋钮的风机在启动时，应缓慢顺序旋转，不应停在挡间位置。

（5）作业中观察电机温度是否过高，线路是否出现烫手和异常烟味，以及设备转速变慢或震动剧烈等故障。如有应立即停机，切断电源检查。

（6）达到通风时间后，关闭通风设备控制开关。

（7）作业注意事项。

① 猪舍通风一般要求风机有较大的通风量和较小的压力，宜采用轴流风机。

② 多台风机同时使用时，应逐台单独启动，待正常运转后再启动另一台；严禁数台风机同时启动，因为启动电流是正常运转电流的3~6倍。

③ 开启通风设备控制开关时，动作不能过猛、过快，也不能同时按两个键，以避免电击伤人事故的发生。

④ 猪舍夏季通风的风速不应超过2m/s，否则过高风速，会因气流与猪体表面的摩擦而使猪群感到不舒服。

⑤ 冬季通风需在维持适中的舍内温度下进行，且要求气流稳定、均匀，不形成贼风。

⑥ 采用吸出式通风作业时，其风机出

合理使用通风设施

猪舍宜采用轴流风机通风

多台使用时，要逐台启动

开启通风时，不能过猛过快

风机有故障时要及时维修

193

口要避免直接朝向易耗建筑物和人行通道。

⑦ 设备自行停机时，先查清原因，待故障排除后再重新启动。

⑧ 不允许在运转中对风机及配电设备进行带电检修，以防止发生人身事故。

⑨ 风管要高出舍脊 0.5m 以上或离进气口最远的地方，也可考虑设置在粪便通道附近，以便排出污浊气体。

（三）及时维护

1. 日常维护保养

（1）每日检查轴承温度，如温度过高应检查并消除升温原因。

（2）每日检查紧固件、连接件，不得有松动现象。

（3）风机噪声要稳定在规定范围内，如遇噪声忽然增加，应立即停止使用，检查消除。

（4）风机振动应在规定范围内，如震动加剧，应立即停机，检查消除。

（5）传动皮带有无磨损、过松、过紧的现象，如有要及时更换或调整。

（6）轴承体与底座应紧密结合，严禁松动。

（7）用电流表监视电机负荷，不允许长时间在超负荷状态下运行。

（8）检查电机轴与风机轴的平行度，不允许带轮歪斜和摆动。

（9）检查风机进气口或排气口铁丝网护罩完好，以防人员受伤和鸟雀接近。

（10）检查通风机进气口设置的可调节挡风门的完好度，在风机停止时，风门自动关闭，以防止风吹进舍内。

（11）场内要设置统一的清净进风区和污染排风区。

要及时维护通风设施

要及时检查风机轴承的温度

要定期检查风机的紧固件

要及时调整传动皮带的松紧度

进出气防护罩要保持完好

（12）风机在使用过程中，要避免短路，必要时用导流板引导流向。

2.定期维护保养。

（1）要清除通风设备表面的油污或积灰，不能用汽油或强碱液擦拭，以免损伤表面油漆部件的功能。

（2）查看电控装置，进行除尘，检查是否有断开线路。

（3）检查电源电压、电线管路固定和接线良好，控制和保护装置的灵敏可靠性。

（4）清洁、维护电机，电机轴承是含铜轴承，必要时向注油孔内注入适量机油。

（5）因猪舍腐蚀条件严重，应选用具有较高抗腐蚀性能的材质，定期检查维护管道的密封性能。

3.风机停用后的保养

（1）清理、检查风机轴承体各零部件、除污、除尘，如有损坏，及时更新。

（2）清洁检查通风管道和调节阀，如有漏气，必须补焊、堵漏。

（3）检查主轴是否弯曲，按要求校直或更新。

（4）检查叶轮，如磨损严重，引起不平衡，应重新进行动静平衡，或更换新叶轮。

（5）检查皮带轮有无损坏，如有需更换。

（6）检查维护电器设备，使其保持完好的技术状态。

（7）对运动件、摩擦件、旋转件应加油润滑、调整间隙，对金属件要做好防锈处理。

（8）试运转正常后，做设备完好标志，进入备用状态保管。

（9）季后长期不用，应对机内外清洗保养，脱漆部分补刷同色防锈漆后，用塑料布遮盖好以备后用。

要定期检修风机

要定期对风机进行除尘

要定期检查叶片的磨损度

要定期检查皮带的磨损情况

要定期检查电器的技术状态

排除风机的故障（1）

（四）故障排除

1. 风机转速符合，但风压、风量不足

（1）如果风机旋转方向相反，应改变风机旋转方向，即改变电机电源接法。

（2）如是系统漏风，应堵塞漏风处即可。

（3）如是系统阻力过大或局部堵塞，应核算阻力、消除杂物。

（4）如为风机轴与叶轮松动，应检修和紧固风机皮带。

2. 风机震动过大

（1）如是系统阻力大，则须检查、校正。

（2）如是风机叶片变形、损坏或不平衡，应检查、校正或更换。

（3）如是风机轴与电机轴不同心，应检查、校正。

（4）如是安装不稳固，地脚螺栓松动，应紧固地脚螺栓。

（5）如是轴承装置不良或损坏，则须校正轴承装置或更换。

（6）如是风机叶轮有过多沉积物而不平衡，应清洗风机叶轮。

3. 运转时风机噪声异常

（1）如是调节阀松动，应安装好调节阀。

（2）如无防震装置，应增加防震装置。

（3）如是地脚螺栓松动，应紧固地脚螺栓。

（4）如是风机叶片与集风器摩擦，应停机检查、校正叶片、调整叶片和集风器的间隙。

（5）如是机壳变形，应调正校正机壳形状。

检查皮带松紧带

保持电机轴与风机轴的同心

要拧紧地脚螺丝

及时清理叶轮上的沉积物

（6）如是轴承缺油或损坏，应给轴承加润滑油或更换损坏的轴承。

4. 风机轴承及电机发热

（1）如是轴承缺少润滑油、轴承损坏或安装不平所致，应加注润滑油、更换轴承和用水平仪校正即可。

（2）如为风量过大，风机积灰时，应调整阀门减少进风量或清除积尘即可。

（3）如为电机受潮所致，应烘烤电机即可。

5. 风机使用日久而风量减小

（1）如为风机叶轮或外壳所致，应更换即可。

（2）如为风机叶轮表面积灰、风道内有积灰、污垢所致，应清洗叶轮、清除风道内污垢即可。

6. 百叶窗开启角度不够

（1）如为皮带过松所致，应调整皮带的松紧度即可。

（2）如为百叶窗叶上积尘过多所致，应清除百叶窗叶上积尘即可。

（3）如为进风口面积过小所致，应增大进风口面积，保证进风口面积为排风口面积2倍以上。

7. 通电后电机不转动

（1）如为电源未通所致，应检查电源回路开关、熔丝、接线盒等处是否有断点，予以修复即可。

（2）如为熔丝熔断所致，应检查熔丝型号、熔断原因及重新更换熔丝即可。

（3）如为控制设备接线错误所致，应改正接线即可。

排除风机的故障（2）

调整风机百叶窗的开张角度

要排除电机不转的原因

修复电源电路的故障

更换熔断的保险丝

湿帘降温前的准备

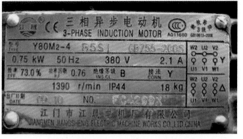

检查风机的技术状态

第四节　湿帘风机降温设备操作的培训

一、知识链接

"湿帘风机降温设备的工作原理"

湿帘风机降温设备的工作原理是利用"水蒸发吸收热量"的原理，实现降温的目的。

水泵将水池中的水经过上水管送至喷水管中，喷水管有许多孔口朝上的喷水小孔（孔径为3~4mm，孔距为75mm）把水喷向反水板，从反水板上流下的水再经过疏水湿帘（厚度50mm左右）的散开作用，使水均匀地淋湿整个降温湿帘，并在其波纹状的纤维表面形成水膜。

此时安装在山墙的轴流风机向舍外排风，使舍内形成负压区；舍外新鲜空气穿过湿帘被"吸入"舍内。当流动的空气通过湿帘的时候，湿帘表面水膜中的水会吸收空气中的热量后蒸发，带走大量的潜热，使空气降温增湿后进入舍内。从湿帘流下的水经过湿帘底部的集水槽和回水管又流回到水池中。

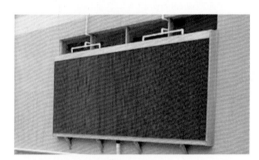

检查湿帘的技术状态

二、湿帘风机降温设备操作的四步法

（一）事前准备

（1）检查猪舍内外温度情况。

（2）检查风机的技术状态。

（3）检查湿帘的技术状态。

（4）检查湿帘供水系统的技术状态。

（5）检查控制系统的技术状态。

（二）事中操作

1. 风机的操作

（1）检查机具技术状态符合要求后，参

检查供水系统的技术状态

检查控制系统的技术状态

照通风设备操作方法启动电动机。

（2）风机开启时，猪舍内所有门窗必须保持关闭状态；同一猪舍部分风机运转时，其余风机百叶窗应处于关闭状态，防止气流短路。

（3）作业时要检查猪舍前、中、后三点的温度差，要利用机械通风和进风口的调节，使温度几近一致。

（4）风机停机时，严禁使用外力开启百叶窗，以避免破坏百叶窗的密合性。

（5）作业注意事项。

① 风机在转动时，严禁将身体任何部分和物件伸入百叶窗或防护网内，严禁无防护网运行。

② 在运行中如发现有风机振动、风量变小、噪声变大、电机有嗡嗡声时，应立即停机进行检修。

③ 当突然停电时应关闭猪舍总电源，以防来电后设备自行启动；要立即开启猪舍应急窗，以防猪群闷死；然后才是开动备用发电机供电。

2.湿帘系统的操作

（1）当猪舍外环境温度低于27℃时，一般采用风机进行通风降温，湿帘系统不开，当超过27℃时，启用湿帘系统降温。

（2）如启动湿帘降温时，应先关闭所有猪舍门窗和屋顶、侧墙的通风窗。

（3）为了使湿帘均匀湿透，每平方米湿帘顶层面积供水量为60L/min，如在干燥地区，供水量要增加10%~20%。

（4）湿帘可使用自来水或井水，但不准使用未经处理的地表水，以防止湿帘滋生藻类，要定期定量地放掉老水使用新水。

（5）系统每次使用后，水泵应比风机提前10~30分钟关闭，使湿帘内水分蒸发晾干，

负压风机的操作

开启风机

关闭门窗及通风孔

通过进风口调节舍内各段的温度

风机停止后，不得外力开启百叶窗

以免湿帘上生长水苔。

（6）系统停止运行后，要检查水槽内积水是否排净，避免湿帘底部长期渗泡在水中。

（三）及时维修

（1）保养维护设备时，要断开电源，并在电源开关处挂上"检查和维修保养中"的标牌，以防他人误开电源。

（2）若湿帘安装在能被猪触及的位置，一般用网孔不大于 15mm×15mm 的铁丝网隔开，并离开湿帘不少于 200mm。

（3）定期清除风机内部的灰尘，特别是机轮上的灰尘、污垢等杂质，以防止锈蚀和失衡。

（4）及时清洗、修理或更换风机百叶窗和防护网，要及时清除蜘蛛网。

（5）每周检查一次皮带松紧度及磨损情况，轴承要每个月注入黄油一次。

（6）在水箱（水池）上加盖密封，防止杂物落入，又可避免阳光直射，减少藻类生长。

（7）每月清洗水箱（水池）及管道等循环系统一次，每周检查一次管道有无渗漏和破损。

（8）每两周清洗一次网式过滤器，清洗后，拧紧过滤器顶盖，防止漏水，发现损坏及时修复。

（9）定期清理湿帘表面并检查其完好性，必要时可从框架内取下来清理。

（10）湿帘如长期不用，可用塑料布或帆布整体覆盖外侧，防止树叶灰尘等杂物进入湿帘纸空隙内，同时利于保温。

（11）风机首次使用时、电机故障排除后或出库重新安装后，都要进行点动试转，防止其反转。

湿帘系统的操作

启动湿帘降温

关闭门窗、通风孔

水泵为湿帘供水

风机停止前 20 分钟，先停水泵

（12）水泵停止使用后，要放尽管道和水泵内的剩水，并清洗干净；对底阀和弯头等处要刷净并涂上油漆。

（四）故障排除

1. 湿帘纸垫干、湿不均

（1）如为喷水管堵塞所致，应打开末端管塞，冲洗喷水管即可。

（2）如为喷水管位置不正所致，应将喷水管出水孔调整为朝上即可。

（3）如为供水量不足所致，应冲洗水池、水泵进水口、过滤器等，清除供水循环系统中的脏物；调节溢流阀门控制水量或更换较大功率的水泵及较大口径供水管。

2. 湿帘纸垫水滴飞溅

（1）如为供水量过大，应调节溢流阀控制水量或更换较小功率的水泵。

（2）如为湿帘边缘破损所致，应检查并修复湿帘破损边缘。

（3）如为湿帘安装倾斜所致，应调整湿帘使之竖直。

（4）如为喷水管中喷出的水没有喷到反射盖板上所致，应将喷水管出水孔调整为朝上即可。

3. 水槽溢水或漏水

（1）如为供水量过大所致，应减小供水量即可。

（2）如为水槽出水口堵塞所致，应清理水槽出水口杂物即可。

（3）如为水槽不水平所致，应进行调整，保证水槽等高。

（4）如为水槽变形导致接缝处开裂所致，应在停止供水后调整水槽，涂抹密封胶即可。

湿帘系统的维修和故障排除

每周检查一次风机系统

每周检查一次湿帘系统

避免湿帘干湿不均

避免风机有噪声

热风炉操作前的准备（1）

检查烟筒安装是否牢靠

第五节　热风炉设备操作的培训

一、知识链接

"热风加温供暖设备的工作原理"

工作时，热风炉燃料点燃并正式燃烧后，热量辐射在炉壁上，经过耐火材料和钢板的传热，将热量传到风道和热交换室中；冷空气通过鼓风机经过炉体中的风道预热后，进入热交换室进行热交换后成为热空气，热空气经出风口再由送风管道送入舍内。舍内的送风管道上开有一系列的小孔，热空气从这些小孔中以射流的形式吹入舍内，并与舍内空气迅速混合，产生流动，从而提高整个舍内温度。

检查炉膛是否损坏

二、热风炉设备操作的四步法

（一）事前准备

（1）检查烟囱安装是否牢固可靠，其在屋内出口是否密封，如有空隙应修理，以防煤气倒入舍内。

（2）检查炉膛内杂物是否清理干净、有无烧损部、炉条是否有脱落，发现损坏停炉修复。

检查舍内传感器是否正常

（3）检查并用软布擦净热风炉出风口和舍内传感器，看其通电后显示是否正确。

（4）检查风机与炉体连接是否牢固，调风门开关是否灵活到位，试运转检查风机转向是否正常等。

（5）检查出风管路各连接处密封情况是否良好，发现漏风要及时给予处理。

（6）检查猪舍内引风管道吊挂高度是否一致，要清理引风管道上的积尘。

检查风机是否正常

（7）检查电源电路与接地线是否正常，打开电控柜，检查各种接线是否牢固，清除积尘。

（8）检查仪表上下限的设置，一般热风炉出口温度上限为70℃，下限为55℃，开关要拨定在两者之间。

（9）检查风机和水泵的技术状态是否良好；要检查风机轴承是否缺油，油不足要加油润滑。

（10）检查进、出风口是否清洁，检查采暖管道、闸阀、散热设备、压力表、水位计等的技术状态是否良好。

（二）事中操作

1. 烘炉

热风炉烘炉前，应对热风炉设备及所有电器进行检查，确认无异常后方可点火运行。炉排上堆放干木柴，一般点火燃烧4小时左右为宜。

2. 布煤

当达到烘炉要求后，在木柴上加少量煤，煤燃烧起来后，再将红火逐渐向四周拨弄，直到整个炉条上布满煤火，方可加大布煤量。

3. 风机送风

燃煤热风炉点火与送风可同时运作，或点火后立即开动风机送风。而燃气热风炉必须先开动送风机而后点火。

4. 先弱后强

热风炉点火后，应先小火燃烧，待热风炉炉胆全部预热后再强燃烧；但送风量自始自终应满负荷运转。

5. 三勤四快

加煤燃烧的要领是三勤四快，三勤为勤添煤、勤拨火、勤捅火，四快为开闭炉门快、加煤快、拨火动作快和出渣快。

热风炉操作前的准备（2）

检查送风管道

检查仪表的上下限温度

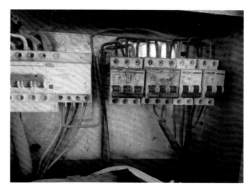

检查电源线路

检查控制开关

6. 燃烧要求

煤层厚度要布 100~150mm，要求火床平，火焰实而均匀，颜色呈淡黄色，没有窜冷风的火口，从烟囱中冒出的烟为淡灰色。

7. 及时清渣

要及时清理炉膛下面的炉渣，防止闷炉。使用一段时间后，如果炉火不旺，可能是烟灰堵塞管道，可打开检修口清理后再使用。

8. 风机的启动与关停

（1）风机启动前，先检查送风管道风门调节手柄是否处于关闭位置，启动约半分钟后，方可逐渐打开到正常位置。

（2）停止送热风时，应先闷火或熄火后继续送风，待风温度降至 100℃以下时，停止送风。

9. 停炉熄火

停炉熄火时，要先将炉内燃料燃尽或将燃料掏出，直到炉温低于炉温设定下限值时，方可关闭离心风机。

10. 供暖结束

供暖结束时，关闭清灰门、打开炉门，将燃料燃尽或加煤粉均匀封盖火床压火，待炉膛温度降低后（出风口温度低于55℃时），停止风机运行。

11. 作业检查

作业时，要经常观察压力表、温度计的读数等，要检查热风炉出风口热风温度，检查烟囱排烟是否正常。

12. 每班做好作业记录

（三）及时维护

（1）热风炉运行时要经常检查炉膛内是否有烧损部位，如发现后应停炉修复后再用。

（2）经常检查热风中是否带有烟气味，

热风炉工作时的检查

检查电控仪表

检查其他仪表

检查热风温度

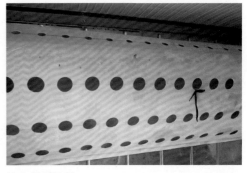

检查供暖效果

若有烟气味则应立即停炉检查，修复后方可使用。

（3）定期检查、润滑风机轴承。

（4）定期清洁进、出风口。

（5）每季清洗燃烧机，方法是：拆下过滤器的滤网，用清洁的毛刷在柴油中清洁干净，轻轻拉出火焰探测器，擦净上面的油垢和积炭。

（6）每年检修采暖管道闸阀和散热设备等。

（7）定期校正压力表、温度计、流量计等。

（8）定期保养水泵和风机等。

（9）热风炉停炉保养。

① 暂时停炉。

短休或需热风炉短时间停止供热时，可采用压火的办法来解决。操作步骤是：先关闭清灰门，待热风出口温度低于55℃时再停风机。当短休结束或需继续供热时，可以最快速度恢复正常供热。

② 紧急停炉。

运行中如出现停电或热风炉出现故障需检修时，应紧急停炉，否则会造成设备损坏。操作步骤是：关闭电源，关闭清灰门，打开炉门，快速清理炉内燃料，让热量自由散发，严禁往炉内泼水降温。将掏出的未燃尽燃料用沙子覆盖或用水浇灭，确认燃料熄灭后方可离开。

③ 正常停炉。

a. 作业结束后或需长时间检修而有计划进行的停炉。

b. 热风炉长期搁置不用时，要落实防水、防潮措施。

c. 热风炉经长期闲置再使用时，要对其进行系统的检查。

热风炉及时维护的程序

首先关闭电源

然后关闭清灰门

快速清理炉内燃料

将掏出的燃料熄灭

205

热风炉故障的排除

（四）故障排除

1. 正常加温，炉火不旺

（1）如为煤质量太差所致，应更换热量高的无烟煤块等即可。

（2）如为加热管周围灰尘多或烟囱堵塞所致，应清理加热管周围的灰尘和烟囱中的灰尘即可。

（3）如为温度调解器设计不合理所致，应按说明书介绍的方法设置加温温度和调节风门进风量。

（4）如为除灰室和炉壁上灰渣多所致，应清理除灰室和炉壁上灰渣即可。

2. 正常加温，开始热而后来不热

（1）如为热风炉换热面积灰过多，影响换热效果所致，应清除换热面上的积灰，同时要每日清除一次烟囱积灰即可。

（2）如为选用热风炉型号与实际取暖面积不匹配，应根据实际需要选择热风炉。

3. 系统停止状态时炉内温度高而舍内温度不高

（1）如为清灰门没关严所致，应关严清灰门。

（2）如为舍内保温条件差所致舍内温度不高，应加强舍内保温条件即可。

4. 封火效果不好

（1）如为温控调节器设置不合适所致，应调节温控仪表。

（2）如为清渣门、清灰门、加煤门关闭不严所致，应关闭清渣门、清灰门和加煤门即可。

5. 热风中混有烟气

如为换热室被烧穿，应马上停机，让专业人员修复后再开机。

炉火不旺的原因为炉渣没清理

炉火先热后不热的原因为积尘过多

炉热舍不热为舍内保温差

封火效果不好为未关闭清渣门

影响猪舍照明的部分因素

第六节　光照设备操作的培训

一、知识链接

"影响猪舍照明的因素"

影响猪舍照明的因素有：光源、灯的高度、灯的分布、灯罩、灯泡质量和灯的清洁度等。

1. 光源

家畜一般可以看见波长为 400~700nm 的光线，因白炽灯或荧光灯均可放出上述范围的光线，故皆可作为光源。

2. 灯的高度

灯的高度直接影响地面的光照度，灯越高，地面的照度越小，一般灯具的高度为 2.0~2.4m。

3. 灯的分布

（1）为使舍内照度均匀，可适当降低每个灯的功率，而增加舍内总灯泡数。灯与灯的距离，应为灯泡高度的 1.5 倍为宜。

（2）舍内如果安装两排以上的灯泡，应交错排列，靠墙的灯泡离墙的距离应为灯泡间距的一半。

4. 灯罩

使用灯罩可使光照度增加 50%，一般采用伞形灯罩。

5. 灯泡清洁度

脏灯泡发出的光比干净灯泡减少 30%，故此，在每周大扫除时要进行一次灯泡擦拭与检查工作。

二、光照设备操作的四步法

（一）事前准备

1. 检查灯罩、灯泡管上的灰尘是否已清扫。

2. 检查电源线路的技术状态。

照明灯的选择

灯的高度

灯的分布

灯的清洁度

3. 准备备用的灯具与灯泡。

（二）事中操作

（1）光照设备检查合格后，合上开关，接通电源。

（2）随时观察光照强度和控制设备的准确性和灵敏度。

（3）光照结束时，拉断开关，切断电源。

（三）及时维护

（1）每周要擦拭一次灯管和灯罩，以保持足够的亮度，保证猪舍光照均匀，不留死角。

（2）及时更换坏灯泡。

（3）控制器使用 2~3 个月后要对其各项功能进行调试，必要时可更换。

（4）定期清洁光敏探头的灰尘。

（5）勿使控制器沾染油或水。

（6）光照控制设备的安装

控制器要安装在干燥、清洁、无腐蚀性气体和无振动的工作间内，因条件所限，必须安装在猪舍内的，可在仪器外面套上透明塑料袋，以防潮气进入仪器内。

（四）故障排除

1. 灯光暗

（1）如因灯管或灯罩上有灰尘所致，需清除灰尘即可。

（2）如因灯管老化所致，需更换灯管即可。

2. 通电后无灯光

（1）如因电路保险丝烧断所致，需更换保险丝即可。

（2）如因线路接头松动或电线断路所致，需连接好接头或线路即可。

（3）如因开关接头松动或灯泡损坏所致，需检修和更换即可。

及时维护猪舍的照明设施

每周擦拭一次灯泡

及时更换损坏的灯泡

定期检查照明线路

定期检查控制开关

喷雾操作前的准备（1）

检查喷雾器各部件安装是否牢固

第七节 背负式手动喷雾器操作的培训

一、知识链接

"背负式手动喷雾器的工作原理"

其是利用压力能量雾化并喷送药液。工作时，操作人员用背带将喷雾器背在身后，一手上下按动摇杆，通过连杆机械作用，使活塞杆在泵筒内作往返运动。当活塞杆上行时，带动活塞皮碗由下向上运动，由皮碗和泵筒所组成腔体容积不断增大，形成局部真空。这时药液箱内的药液在液面和腔体内压力差作用下，冲开进水球阀，沿着进水管路进泵筒，完成吸水过程。反之，皮碗下行时，泵筒内的药液开始被挤压，致使药液压力骤然增高，进水阀关闭，出水阀打开，药液通过出水阀进入空气室。空气室的空气被压缩，对药液产生压力（可达 800MPa）。另一手持喷杆，打开开关后，药液即在空气室空气压力作用下，从喷头的喷孔中以细小雾滴喷出，对物体进行消毒。

检查开关、喷头是否拧紧

二、背负式手动喷雾器操作的四步法

（一）事前准备

（1）检查喷雾器的各部件安装是否牢固。

（2）检查各部位的橡胶垫圈是否完好，新皮碗在使用前应在机油或动物油（忌用植物油）中浸泡 24h 以上。

（3）检查开关、接头、喷头等连接处是否拧紧，运转是否灵活。

（4）检查配件连接是否正确。

检查配件是否正确连接

加清水试喷

（5）加清水试喷。

（6）检查药箱、管路等密封性，不得漏水漏气。

（7）检查喷洒装置的密封和雾化等性能是否技术状态良好。

（二）事中操作

1.做好人身防护

操作人员进入养殖区必须淋浴消毒，更换工作服并穿戴好防护用品及口罩。

2.选好喷头片

检查调整好机具，正确选用喷头片，大孔片流量大、雾滴粗，小孔片则相反。

3.遵守加药程序

往喷雾器加入药液前，要先加1/3的水，再准确称量药液，然后再加水达到药液浓度要求。

要注意药液的液面不能超过药箱安全水位线，加药液时要用滤网过滤，人要站在上风头加药，加药后要拧紧药箱盖。

4.喷雾作业前的试喷

初次装药液，由于喷杆内含有清水，需试喷2~3s后，开始使用。

5.喷药前的适当加压

喷药前，先扳动摇杆10余次，使桶气压上升到工作压力，但不能过分用力，以免气室爆炸。

6.喷药作业

（1）消毒顺序。

按照从上往下、从后向前、由里到外的顺序进行消毒。

（2）侧向喷洒。

即喷药人员背机前进时，手提喷管向一侧喷药，一个喷幅接一个喷幅，并使喷幅之间连接区有一定程度的重叠，但严禁停留在

喷雾操作前的准备（2）

先加1/3的水

然后再加药

按浓度要求加足水

作业前进行试喷

一处喷洒。

（3）消毒方法。

喷雾时将喷头举高，喷嘴向侧上画圆圈的方式先里后外逐步喷洒，使雾滴慢慢飘落，除与病原体接触外，还可起到除尘和净化作用。

（4）在敞开区作业的要点。

要根据风向确定喷洒路线，走向应与风向垂直为好；操作者在上风向，喷射区域在下风向，喷洒时采用侧向喷洒。喷洒幅宽1.5m为妥，当喷完第一幅时，先将药液开关关闭，停止按动摇杆，向上风向移动，行至第二幅时再按动摇杆，打开药液开关继续喷药。

7.结束后喷雾器的清洗

（1）工作完毕，应对喷雾器进行减压，再打开桶盖，及时倒出桶内残余的药液，并换清水继续喷洒2~3s秒，以清洗药具及管路内的残留药液。

（2）卸下输药管，拆下水接头等，排除药具内积水，擦洗掉机组外表的污物。

（3）放置在通风干燥处保存。

8.作业注意事项

（1）配制药液前的知识储备。

消毒液配制前必须了解选用消毒药剂的种类、浓度及其用量。应先配制溶解后再过滤装入喷雾器中，以避免不溶残渣堵塞喷嘴。

（2）喷雾前的适当加压。

药液不能装的太满，以八成为宜，避免出现打气困难或造成筒身爆炸。

（3）喷雾时的注意事项。

喷雾时喷头切忌直对猪头，喷头距离猪体表面66~80cm，喷雾量以地面、舍内设备和猪体表面达到微湿的程度为宜。

（4）喷雾时的粒度。

喷雾雾粒应细而均匀，雾粒直径为80~

喷雾操作的注意事项

喷雾前的适当加压

喷头切忌直对猪头

距离消毒物60~80cm

喷雾粒度细而均匀

120μm为宜，雾粒大则在空中降速快，雾粒小易被猪吸入肺中，引起肺水肿等症状。

（5）喷雾时机的把握。

喷雾时尽量选择气温较高时进行，冬季最好选在中午进行。冬季舍温不要低于16℃。

（6）免疫与喷雾时间的把握。

猪接种疫苗期间，前后3天内禁止喷雾消毒，以免影响免疫效果。

（三）及时维护

（1）作业后放净药箱内残余药液。

（2）用清水清洗药箱，管路和喷射部件，尤其是橡胶件。

（3）清洁喷雾器表面泥污和灰尘。

（4）在活塞中安装活塞杆组件时，要将皮碗的一边斜放在筒里，然后使之旋转，将塞杆竖直；另一只手帮助将皮碗边沿压入筒内就可以顺利装入，切勿硬行塞入。

（5）所有皮质垫圈存放时，要浸足机油，以免干缩硬化。

（6）检查各部螺丝是否松动、丢失，如有松动、丢失，必须及时扭紧和补齐。

（7）将各个金属件涂上黄油，以免锈蚀；小零件要包装，集中存放防丢失。

（8）保养后的喷雾器应整机罩一塑料膜，放在通风干燥处，远离火源，并避免日晒雨淋。

（四）故障排除

1. 压杆下压费力

（1）如为气筒有裂纹所致，应焊接修复即可。

（2）如为铜球脏污、不能与阀体密合，失去阀的作用所致，应清除脏污或更换铜球。

喷雾器的及时维修

放净药箱内残余药液

清洁喷雾器表面

检查各部件的组合是否正确

维护后的试喷

2. 塞杆下压轻松

（1）如为皮碗损坏所致，应修复或更换皮碗即可。

（2）如为底面螺丝松动所致，应拧紧螺丝即可。

（3）如为进水球阀脏污所致，应清洗球阀。

（4）如为吸水管脱落所致，应重新安装进水管即可。

（5）如为安全阀卸压所致，应调整或更换安全阀弹簧即可。

3. 压盖漏气

（1）如为垫圈、垫片未垫平或损坏所致，应调整或更换新片。

（2）如为凸缘与气筒脱焊所致，应焊修即可。

4. 喷头雾化不良或不出液

（1）如为喷头片孔堵塞或磨损所致，应清洗或更换喷头片即可。

（2）如为喷头开关调节阀堵塞所致，应清除堵塞物即可。

（3）如为输液管堵塞所致，应清除堵塞物即可。

（4）如为药箱无压力或压力低所致，应扭紧药箱盖，检查并排除压力低故障。

5. 连接部位漏水

（1）如为连接部松动所致，应拧紧连接部螺栓。

（2）如为密封垫失效所致，应更换密封件即可。

（3）如为喷雾盖板安装不对所致，应重新安装即可。

喷雾器的故障排除

器盖漏气

喷头堵塞

连接部位漏水

药箱无压力时拧紧箱盖

高压清洗机的用前检查（1）

检查高压管道的磨损状态

第八节　高压清洗机操作的培训

一、知识链接

"高压清洗机的工作原理"

其在工作时，电动机驱动三柱塞泵的偏心轴，使三柱塞往返运动；当柱塞后退时，出水单向阀关闭，柱塞缸内形成真空，进水单向阀打开，水通过单向阀吸入缸内；当柱塞前进时，进水单向阀关闭，缸内水的压力增高，打开出水阀，压力水进入蓄能管路，通过单向阀门到高压胶管（即手喷枪阀的后腔），打开喷枪阀板机（开关），高压水通过喷嘴射出，进行冲洗工作。通过更换不同形状的喷嘴，可以获得水滴大小不一的高压水流；偏心轴每转动一周，三个柱塞各完成一次吸、排水过程。

检查水泵的紧固件

二、高压清洗机操作的四步法

（一）事前准备

（1）检查操作者进入生产区时是否淋浴消毒。

（2）检查操作者是否穿戴好绝缘雨靴、防护服、头盔、口罩、护目镜、橡皮手套等防护用品。

（3）检查器械、喷雾器、天平、量筒和容器等是否准备齐全。

（4）检查猪舍和舍内设备是否清洁，要求舍内地面、墙壁无猪粪、蜘蛛网等其他杂物。

（5）检查供水系统是否有水。

（6）检查舍内地面排水沟、排水口是否畅通。

（7）检查供电系统电压是否正常，线

捋顺高压管道的不必要弯曲

检查水泵的连接件

路是否绝缘，连线是否良好，开关是否灵敏有效。

（8）检查猪舍内其他电器设备的开关是否断开，防止漏电事故发生。

（9）检查高压清洗机作业前技术状态是否良好

① 检查高压管路无漏水现象，无打结和不必要的弯曲，管路无松弛、鼓起和磨损情况。

② 检查高压水泵各连接件、紧固件是否安装正确、完好，无漏水现象；每分钟漏水3滴，须修理或更换。

③ 检查高压水泵运动的声音是否正常，有无漏油现象。

④ 检查油位指示器的油位是否在两个指示标志之间。

⑤ 检查进水过滤器窗口是否堵塞，如果窗口变脏或堵塞，应折下来清洗并更换。

⑥ 要合理选择喷嘴，低压喷嘴可以让设备吸入清洁剂，高压喷嘴可以用不同的角度来喷射水。

⑦ 检查喷嘴部位无漏水，喷嘴孔无堵塞，使用前用干净的水冲洗清洗机，确保喷嘴、软管畅通，同时排除设备内空气。

⑧ 检查加热装置技术状态是否良好。

（二）事中操作

（1）使用供水软管连接设备和水源（水龙头），打开进水口。

（2）从支架上将全部高压水管拉下来，将设备开关调到"I"，此时指示灯会变绿。

（3）释放手喷枪锁，扳动手喷枪的扳机。

（4）通过旋转压力流量控制开关，调整操作水压与流速，使用高压束状射流形式冲去猪舍墙壁、地面和设备表面污物。

高压清洗机的用前检查（2）

检查供电线路是否正常

检查开关是否灵敏

检查运动声音是否正常

检查皮带松紧度是否正常

① 调整操作水压与流速时，最好在距离清洗区域 1~2m 远的地方启动设备，采用一个大的扇形喷射角范围，并根据具体情况相应地调整喷射距离和喷射角度，左右移动喷枪杆来回几次并检查物体表面是否冲洗干净；如果需要加强清洗，可将喷枪杆移动靠近物体表面 30~50cm 处，其将有一个更好的清洗效果，并且不会损坏正在清洗物品的表面。

② 当使用清洁剂时，可以从被冲洗物品的底部开始喷射逐渐达到其顶部。然后暂停 5~10 秒，让清洁剂在物品上停留并消散，去分解掉所有的污物。而冲洗时，从物体顶部开始冲洗逐渐往下到物体底部，直到整个物体表面没有清洁剂和条纹状印迹为止。

③ 猪只进舍前、出栏后必须对猪舍和设备进行清洗和消毒，冲洗猪舍时按照先上后下、先里后外的顺序，保证冲洗效果和工作效率，并可以节约成本。冲洗的具体顺序为：顶棚、笼架、食槽、进风口、墙壁、地面、粪沟，要防止已经冲洗好的区域被再度污染。其墙角、粪沟等角落是冲洗的重点，避免形成死角。

（5）清洗结束时，将清洁剂计量阀调到"0"并将设备启动持续一分钟，用水流清除机器内残留的清洁剂。

（6）关闭设备时，将设备开关调到"0"，将电源插头拔出，关闭进水管，扳动扳机，直到设备没有压力，将手喷枪上的安全装置朝前推锁上，以防止误启动。

（7）设备保存时，将手喷枪安置在支架上，卷起高压软管，将高压软管卷到软管轴上；压下曲柄把手将软管轴上锁，将连接电缆卷到电缆支架上。

（8）当设备在寒冷环境下使用时，必须

高压清洗机的用前检查（3）

检查紧固件是否拧紧

检查电源线的接头是否紧固

检查压力表是否正常

检查高压清洗机是否漏油

增加防冻措施。具体做法是：将喷枪的喷头卸下来，将出水管插进供水水箱，开机打循环，使防冻剂在设备管道中循环。如果泵和软管已经结冰，必须在设备除冰后，将喷枪（喷头）卸下，使低压水流经设备以确保无冰渣后，方可重新启动。

（三）及时维护

（1）维修和保养前必须拔掉电源插头，维护前必须检查所有电器盒、接头、旋钮、电缆和仪表有无损坏，开关和保护装置动作是否灵敏可靠。

（2）过滤器要求定期清洁，具体步骤为：释放设备内部压力，将外盖上的螺钉卸下来，将外盖打开，使用干净水或高压空气清洁过滤器，最后将设备重新安装好。

（3）定期检查皮带松紧度和所有保护装置，确保其安全可靠，无损坏。

（4）检查拖车的支承、连接和车轮等，保持其完好移动。

（5）在首次使用50h后，必须换油，之后每100h或至少1年换油一次。步骤为：将外盖上的螺钉卸下来，外盖打开，将电机外盖上前排油塞拔下来，将旧机油排到一个合适的容器内；将油塞重新塞回去，缓慢注入新的机油，要避免机油中混有气泡。机油号及油量按产品说明书要求注入。

（6）每3个月对高压清洗机做一次季度检修，主要检修对象包括：要检查工作油的污染度和特性值是否良好，如不正常，要更换新油。要检查高压喷嘴有无附着物或损伤，并做好检修或更换处理。要检查软管有否松弛或鼓起等各种隐患；要做好清洗或更换滤过器的工作；要检修各种阀、接头及喷枪等零部件。

高压清洗机的操作（1）

设备与水源之间要有软管与水桶

铺设好全部高压水管

调整水压和流速

使用高压束状射流

（7）每年度进行一次大修，主要检修对象如下。

　①油冷却器的污染情况。

　②油箱内表面的锈蚀情况。

　③更换通气元件等。

　④高压缸内部损伤状况。

　⑤工作油的劣化程度。

　⑥单向阀阀心与阀座的接触面状态。

　⑦高压水泵活塞的漏油情况。

　⑧活塞杆的磨损和损伤情况。

（8）定期维护加热装置，要清除喷油嘴积炭，检修风机、油泵，清洗或更换滤过芯器等。

（9）冬季存放时，应放在不结冰的场所；如不能保证，宜将清洁剂箱清空，将设备中的水排空。

（四）故障排除

1.水枪压力低或没有压力

（1）如为过滤器堵塞所致，应清洁过滤器即可。

（2）如为供水量不足所致，应确保水龙头、清洗机供水阀门全开和水管无堵塞即可。

（3）如为管道系统内有空气和杂物所致，应排出管道内的空气和杂物即可。

（4）如为喷嘴孔堵塞或磨损所致，应拆下喷嘴，清除堵塞物或更换喷嘴即可。

（5）如为泵内水封损坏所致，应更换水封即可。

2.水枪出水少或水流分散。

（1）如为管道系统内有空气和杂物所致，应拆下喷嘴，启动机器用水排出系统内的空气和杂物即可。

高压清洗机的操作（2）

清洗产房

清洗保育舍

清洗育成舍

清洗妊娠舍

（2）如为喷嘴孔堵塞所致,应拆下喷嘴,清洁堵塞孔即可。

（3）如为水泵流量阀未打开或损坏所致,应打开水泵流量阀或更换水泵流量阀即可。

3. 水压不稳

（1）如为进水过滤器堵塞所致,应清洁过滤器即可。

（2）如为喷嘴孔堵塞所致,应拆下喷嘴,清洁堵塞孔。

（3）如为在管路系统内的杂物或空气所致,应拆下喷嘴,启动系统用水排出杂物和空气。

4. 运行时出现尖叫声

（1）如为电机轴承缺油或损坏所致,应在电机的注油孔注入普通黄油或更换轴承即可。

（2）如为高压水泵吸入了空气所致,应排出水泵内空气即可。

（3）如为流量阀弹簧损坏所致,应更换流量阀弹簧即可。

5. 高压水泵底部滴油

如为泵内油封损坏所致,应及时更换油封即可。

6. 润滑油变浑浊或乳白色

如为高压水泵内油封密封不严或已经损坏所致,应更换油封及润滑油即可。

7. 高压管出现剧烈振动

如为阀工作紊乱所致,应重新加压即可。

高压清洗机的维修

定期拆下喷嘴除去堵塞物

及时检修设备部件

及时更换通气元件

每年进行一次大修

喷雾降温操作前的检查

第九节　喷雾降温设备操作的培训

一、知识链接

"喷雾降温设备的工作原理"

其工作原理非常简单，通过对水进行加压，输送至高压微雾喷嘴，产生超细颗粒的水雾。这些水雾在接触空气以后，能迅速吸收环境中的热量并蒸发，持续不断地吸热过程，就能逐步降低环境的温度。通过温度计进行测量，在长50m的猪舍内，每间隔1.5m安装一个高压超细雾化喷嘴，10~12m宽的舍内安装两排，30分钟的喷雾运作，可降低舍内温度6~8℃。

二、喷雾降温设备操作的四步法

（一）事前准备

（1）操作者进舍前的消毒、更换服装。

（2）检查水源是否清洁。

（3）检查清洁过滤器是否堵塞。

（4）检查高压水泵的技术状态。

（5）检查高压喷嘴的技术状态。

（6）检查低压输水管道的技术状态。

（7）检查高压输水管道的技术状态。

（8）检查定时器、恒温器的技术状态。

（9）检查卸压器的技术状态。

（10）检查电磁开关的技术状态。

（二）事中操作

（1）要根据不同猪群、不同季节设置不同的喷雾时间。

（2）要根据不同季节及不同用途设置定时器的开关时间。

（3）首先启动高压水泵，然后打开高压管道阀门和开关，最后打开电磁开关。

检查清洁过滤器是否正常

检查高压水泵是否正常

检查高压水嘴是否正常

检查低压水管是否正常

（4）观察高压喷嘴喷雾情况，一旦出现异常，须停机维修。

（5）在喷雾时，观察高压输水管道是否渗漏，一旦出现渗漏，须停机维修。

（6）注意观察自动控制装置的灵敏度和可靠性，一旦出现异常，须停机维修。

（三）及时维修

（1）定期清洁过滤网和传感器等。

（2）定期保养电动机和高压水泵。

（3）定期检修高压喷嘴。

（4）定期保养减压阀、恒温器、定时器、电磁开关等自动控制装置，并检查其灵敏度和可靠性。

（四）故障排除

1.高压喷嘴不喷水

（1）如为水箱无水或水少无压力，应往水箱加水来提高水压。

（2）如为滤网、管道或喷嘴堵塞，应清除滤网、管道或喷嘴的堵塞物。

（3）如为阀门和开关未打开，应打开阀门和开关。

（4）如为温控器或定时器损坏，应更换温控器或定时器。

（5）如为电磁阀损坏，应更换电磁阀。

（6）如为高压水泵损坏，应检修高压水泵。

（7）如为高压喷嘴损坏，应检修或更换高压喷嘴。

2.管路渗水

（1）如为管道接头松动，应增加密封胶布，重新拧紧即可。

（2）如为接头密封件老化或损坏，应更换密封件即可。

（3）如为阀门或开关未关严，应关紧阀门或开关即可。

喷雾降温的操作

启动高压水泵

打开高压阀门

打开电磁开关

观察喷雾是否正常

常温烟雾机的类型

常温烟雾机（1）

第十节　常温烟雾机操作的培训

一、知识链接

"常温烟雾机的工作原理"

常温烟雾机工作时，大电机驱动空气压缩机产生压力为 1.5MPa 的高压空气，其通过空气胶管和进气管进入到喷头的涡流室内，形成高速旋转的气流，并在喷嘴处形成局部真空，药箱内药液通过输液管被吸入到喷嘴处喷出，其和高速旋转的气流混合后就被雾化成雾滴粒径小于 20μm 的烟雾。

这时小电机带动轴流风机转动，在其风力的作用下，烟雾被吹向远方，最远距离可达 30m；烟雾扩散幅宽可达 6m。经过30~60 分钟的吹送，药液烟雾可飘逸在密闭的猪舍内各处，在舍内空间悬浮 2~3h，从而达到为舍内各物体表面和舍内空气消毒灭菌的目的。

常温烟雾机（2）

二、常温烟雾机操作的四步法

（一）事前准备

（1）检查常温烟雾机的各部件安装是否牢固。

（2）检查开关、接头、喷头等连接处是否拧紧，运转是否灵活可靠。

（3）检查配件连接是否正确。

（4）加清水试运作。

（5）检查药箱、管路的密封性。

（6）检查空气压缩机的性能是否完好。

（7）检查机电及线路等共性技术状态。

常温烟雾机（3）

（二）事中操作

（1）要在操作前仔细学习说明书，并严格按照技术要求进行操作。

常温烟雾机（4）

（2）要关闭门窗，以确保消毒效果。

（3）在喷药前，将喷雾系统和支架置于舍内中间过道或舍内中间离门5m的地方，调节喷口高度离地面1m左右，喷口仰角2°~3°。

（4）配制好的消毒药液必须通过过滤器注入药箱，以防堵塞喷嘴。

（5）接通电源开关、电机开关，打开药液开关。

（6）工作人员可在舍外监视机器的工作情况，一旦异常立即停机检查。

（7）严格按喷雾时间进行作业，一般100m长的猪舍喷洒15分钟左右即可。

（8）停机时，先关空气压缩机，5分钟后再关闭轴流风机，最后关闭电机开关。

（9）喷洒消毒药物后，猪舍的门窗要密闭6h以上。

（10）一栋舍喷洒完消毒药液后，切记不可带电作业将喷雾系统移出。

（11）所有猪舍消毒作业结束后，要将机具进行清洗。

① 先将吸液管拔离药箱，置于清水器具内，用清水喷雾5分钟，以冲洗喷头管道。

② 用专用容器收集残液，然后清洗药箱、喷嘴帽、吸水滤网及过滤盖。

（12）本机不可用于带猪消毒，以免猪吸入烟雾后引起呼吸道疾病。

（三）及时维护

（1）可参照机动弥雾机的程序进行维护保养，略。

（2）可参照电动机、空气压缩机等机电共性技术维护内容进行。

（四）故障排除

参照机电设备共性故障排除技术进行操作，略。

常温烟雾机的操作

配制消毒液

仔细阅读说明书

接通电源、打开控制开关

进行喷雾消毒

机械清粪的基础部件

地沟设计的小样

第十一节 往复刮板式清粪机操作的培训

一、知识链接

"往复刮板式清粪机的工作原理"

其是由一个驱动电机通过链条或钢绳带动两个刮粪板形成一个闭合环路。工作时，电动机正转，驱动绞盘，带动一侧牵引线正向运动，拉动该侧刮板移动，开始刮除粪便到预定粪池或横向粪沟；而另一侧牵引绳反向运动，该侧刮板翘起不清粪。当刮粪板运行至终点，触动行程倒顺开关使电动机反转，带动牵引绳反向运动，拉动刮板进行空行程返回；同时另一刮板也在进行反向清粪工作，到终点后电机又继续正转。如此循环往复两次即可达到预期清除粪便的效果。

主机

二、往复刮板式清粪机操作的四步法

（一）事前准备

（1）操作前应检查机电共性技术状态。

（2）检查电控制柜的接地保护线及漏电、触电保护器等保护设施的技术状态。

（3）检查电源电压和线路连接状况。

（4）检查行程开关的灵敏性和稳定性。

（5）检查所有传动部件组装状况。

（6）检查所有螺栓和紧固件的状况。

（7）检查所有需润滑部件的润滑状况。

（8）检查电动机、减速机的运动状况。

（9）检查转角轮与牵引绳运转状况。

（10）检查粪道清除的相关情况。

转角轮

绕绳的操作

机电共性技术状态的检查（1）

（二）事中操作

1. 安装时的操作

（1）地沟的设计与施工。

地沟的设计一般为一头深一头浅，深的那头为30cm左右，是出粪和固定主机的地方；浅的那边为16cm左右，这样便于清粪时，尿水向一边流；另外便于主机在地下位置的固定。

（2）主机安装的操作。

主机安装处应挖成1m见方、深70cm的坑，然后用水泥混凝土浇注，浇注时用上预埋铁，浇注后上平面要比地沟底平面低12cm左右。安装主机时，可用电焊点上几点即可，也可使用大号膨胀螺丝连接固定。

（3）转角轮安装的操作。

安装转角轮时，要知道绳子绕的轮槽边是中心；中心找好后用水泥混凝土浇注，浇注至转角轮轴露4cm即可。转角轮高度，从沟底向上量20cm，水泥墩60cm×60cm。

（4）绕线的操作。

绕绳时，应先将绳子一头在主机两个绕绳轮绕满，然后再把转角轮绕上，最后在一个刮粪板上扣死即可。

（5）紧绳的操作。

紧绳应该有2个人，一个人把着开关，另一个人把绳子从刮粪板架子上绕过去，把绳子头固定在转角轮的轴上。然后一人拉绳子，一个人开开关，主机把绳子拉紧即可。

（6）安装时的注意事项。

① 以绳子或链条中心线为基准。

② 保证各个拐角处转角轮中心位置的线性度、垂直度。

③ 缓冲弹簧的端头应朝下。

④ 电机轴和传动链轮的接触面及连接

检查电源开关

检查供电线路

检查行程开关

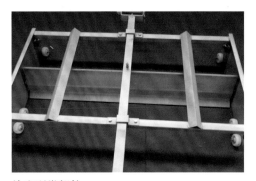

检查刮粪部件

螺栓需打黄油后再安装，方便日后维护时的拆卸。

⑤ 电气安装要规范操作，接线牢固，设备必须使用地线接地，通电之前认真核对。

2.清粪时的操作

（1）检查机具技术状态符合要求后，开启到顺开关，驱动电机，系统即进入工作状态。

（2）人工定期清理刮粪板两端的清粪死区。

（3）检查刮粪板是否能畅通无阻地移动，而不会碰到突出的地板或螺栓头等。

（4）完成清粪后，要按下停止电扭，并应切断电源。

（5）操作时的注意事项。

① 操作电控装置时应小心谨慎，防止电击伤人。

② 刮粪板工作时，前进方向严禁站人。

③ 刮粪板的设置不允许非技术人员任意修改，严禁提高刮粪板行走速度。

④ 出现异常响动，要立即停机，切断电源后进行维修，严禁带电维修。

⑤ 在寒冷地区必须安装防冻保护，如刮粪板已冻住，首先应除掉电机、转角轮上的粪便，然后用热水解冻后才能重新启动电机。

⑥ 更换电路过载保护装置时，应严格按照使用说明书配置，不得随意提高过载保护装置的过载能力。

（三）及时维护

（1）经常检查控制系统与安全系统的使用可靠性。

（2）经常清除刮粪板上的残留物，以延长机具的使用寿命。

机电共性技术状态的检查（2）

检查紧固件

检查刮粪板

检查电机和减速机

检查牵引绳

（3）驱动系统的链条部分每月涂抹一次黄油，各轴承处 3 个月加一次润滑油，减速器一般每 6 个月加一次润滑油。

（4）定期检查调整传动链条或皮带的张紧度。

（5）整机系统每 6 个月进行一次停机维修。

（6）按保养说明书要求定期保养电动机与蜗杆减速机。

（四）故障排除

1. 合上电闸，电机不运转

（1）如果电源线路断开，则须检查接通电源线路即可。

（2）如为电压低，则须调整电压。

（3）如为电机损坏，则须修理或更换电机即可。

2. 刮粪板在运行中卡死

（1）如为粪道槽内有石子等，则须清除堵塞物即可。

（2）如为粪道两边的坎墙破损，则须修正坎墙后，重新启动后即可。

（3）如为牵引绳过松所致，则须调整牵引绳长度即可。

3. 运行中突然停机

可根据现场情况，倒转调整丝杠上的拨线器或行程开关限位板的位置。

4. 刮粪板向坑道一侧倾斜

（1）如为牵引架与刮粪板不平行，则须调正刮粪板两侧螺母使之与牵引架平行即可。

（2）如为牵引绳与纵向粪沟不对中，则须调整纵向粪沟两端转角轮位置即可。

清粪机械的故障排除

电源开关故障排除

转角轮故障排除

行程开关故障排除

紧固件故障排除

柴油发电机组的安装要点

发电机四周要宽畅

第十二节　柴油发电机组操作的培训

一、知识链接

（一）柴油发电机组的工作原理

在柴油机汽缸内，经过空气滤清器过滤后的洁净空气与喷油嘴喷射出的高压雾化柴油充分混合，在活塞上行的挤压下，体积缩小，温度迅速升高，达到柴油的燃点；柴油被点燃，混合气体剧烈燃烧，体积迅速膨胀，推动活塞下行，称为"作功"。各汽缸按一定顺序依次作功，作用在活塞上的推力经过连杆变成了推动曲轴转动的力量，从而带动曲轴旋转。

基座要水泥浇筑

将无刷同步交流发电机与柴油机曲轴同轴安装，就可以利用柴油机的旋转带动发电机的转子，利用"电磁感应"原理，发电机就会输出感应电动势，经闭合的负载回路就能产生电流。柴油机驱动发电机运转，将柴油的能量转化为电能。

（二）柴油发电机组设备的安装地点

（1）柴油发电机组四周应留不小于1~1.5m空间，以便于机组的冷却、操作和维护保养等。

要确保进排风通畅

（2）柴油发电机组地基基础应建在硬土地面上，夯实后，做200mm厚的混凝土地面，地面应平整。

（3）确保机房进、排风顺畅，必须将散热器排出的热空气导流出机房并阻止其回流。

（4）地面应平整、防滑，机房内应备有灭火器等消防工具。

要免受风吹雨淋

（5）确保机组免受雨淋、日晒、风吹及过热、冻损等损坏。

二、柴油发电机组操作的四步法

（一）事前准备

（1）检查柴油发电机组机体及周围有无妨碍运转的杂物，如有应及时清走。

（2）检查柴油机曲轴箱油位、燃油箱油位、散热器水位，检查油底壳和喷油泵内机油面，检查冷却水是否到达上水室顶面，各部位均不应有渗漏现象。

（3）检查柴油发电机组燃油供油阀和冷却水截止阀是否处于开通位置。

（4）检查起动电动机的蓄电池组电压是否正常。

（5）检验柴油发电机组配电屏的试验按钮，观察各报警指示灯是否接通发亮。

（6）检查配电屏各开关是否置于分闸位置，各仪表指示是否处于零位。

（7）检查发电机的各部位及控制箱之间连线是否受潮、松动，电流、电压表及调压表是否有损坏现象，若有应及时更换。

（二）事中操作

（1）先拧松喷油泵上的放气螺钉，再用燃油手泵排除燃油系统内的空气，同时将调速器控制手柄固定在适宜启动转速的油门位置上。

（2）如设有电池组搭铁开关的机组，应接通开关，打开电钥匙，按下启动按钮，使柴油机启动。如果按下启动按钮10秒后柴油机仍不能着火启动，则应待1分钟再作第二次启动。如连续进行3次仍无法启动时，应检查并找出故障原因。

（3）柴油机启动后，密切注意机油压力

柴油发电机组操作前的准备（1）

检查柴油发电机的油位

检查散热器的水位

检查供油阀是否开通

检查冷水阀是否开通

表读数，将电钥匙旋到充电位置。如果机油压力表不指示，应停机检查并找出故障原因。

（4）若机组在低转速运转正常，可以将转速逐渐增加到 75% 额定转速进行柴油机的预热运转。当水温达到 55℃，机油温度达到 45℃时，可再提高转速。

（5）调整柴油机转速，使转速表指示在额定值，同时调整手动调压变阻器使发电机电压达到额定值，然后将开关切换到自动位置，再调整自动电压电位器，使电压指示为额定值，此机组空载升压过程完毕。

（6）当机组每个仪表指示正常时，既可合上负载开关向负载送电，随着机组负荷的变化，应及时调整频率电压，使其保持额定值。

（7）机组运转正常时，水温、油温、机油压力，应符合《柴油机使用维护说明书》中"主要技术数据"的要求。

（三）及时维护

（1）定期检查燃油机、机油、油压的储量和柴油机冷却水水量。

（2）应随时注意水温、油温、油压的变化，如果温度、压力不正常，应卸去负荷。

（3）应随时检查柴油机各管道及其接头，若有渗漏，应及时修复。

（4）观察柴油机烟色，柴油机在满负荷运转正常情况下，排气烟色允许略带青灰色。

（5）不能让水、油、金属等杂物进入发电机及电气系统内部。

（6）应经常注意功率表、电流表、电压表上的读数，不得超过机组铭牌上的数据。

（7）倾听柴油发电机组的各部分运转声响是否正常。

（8）手摸机体外壳、轴承部位外壳、油

柴油发电机组操作前的准备（2）

检查蓄电池电压是否正常

检查配电盘开关是否正常

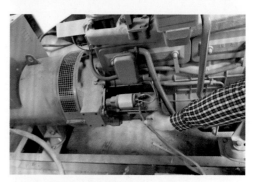

检查各部位连接是否牢固

检查电压、仪表是否正常

管、水管，感觉温度是否正常。

（9）机组若发生严重事故，按《柴油机使用说明书》采取紧急停机措施。

（四）故障排除

1.启动系统的故障

① 启动用蓄电池电力不足则需更换电力充足的蓄电池或增加蓄电池并联使用。

② 启动系统电路接线错误或电气零件接触不良则需检查启动电路接线是否正确和牢靠。

③ 启动电动机的炭刷与整流子接触不良需修整或更换炭刷，用木砂纸清理整流子表面，并吹净灰尘。

2.燃料供给系统的故障

① 喷油泵弹簧折断则需更换弹簧。

② 喷油泵的齿条卡在停车位置则需拆开修理。

③ 出油阀卡住或弹簧折断则需拆开清洗或更换出油阀。

④ 喷油器孔堵塞，需拆并清除。

⑤ 喷油器针阀卡死，需拆开清洗并研磨喷嘴配件或更换新件。

3.柴油机压缩力不足

① 燃料系统内有空气，需检查燃油管路接头是否松弛。

② 燃油管路或滤清器堵塞，需检查管路各段找出故障部位使其畅通。

③ 输油泵不供油或断续供油，需检查进油管是否漏气。

④ 喷油压力大，需调整喷油器的喷油压力。

⑤ 喷油量很少或喷不出油，需将喷油器拆卸下来，仍接在高压油管上，撬喷油泵弹簧，观察喷油嘴的雾化是否良好。

柴油发电机组的操作

接通电源、按下按钮

启动后观察压力表读数

调整柴油机转数

仪表数据正常后，可合闸送电

231

电焊机操作前的准备

焊机场地要宽敞干燥

第十三节　电焊机设备操作的培训

一、知识链接

"电焊机的工作原理"

普通电焊机的工作原理和变压器相似，是一个降压变压器。在次级线圈的两端是被焊接工件和焊条，引燃电弧，在电弧的高温中产生热源将工件的缝隙与焊条熔接。

当我们将 220V 电压或者 380V 的工业用电通过电焊机里的减压器降低了电压，增强了电流，利用电能产生的巨大热量融化钢铁，焊条的融入使钢铁之间的融合性更高；还有，电焊条外层的药皮也起了非常大的作用

二、电焊机设备操作的四步法

（一）事前准备

（1）电焊机应放在通风、干燥处，要放置平稳。

（2）检查焊接面罩应无漏光、破损。焊接人员应穿好规定的劳保防护用品，设置挡光屏隔离焊件发出的辐射热。

（3）电焊机、焊钳、电源线以及各接头部位要连接可靠，绝缘良好，不允许接线处发生过热现象，电源接线端头不得外露，应用绝缘胶布包扎好。

（4）电焊机与焊钳间导线长度不得超过 30m，如特殊需要时，也不得超过 50m 长。导线有受潮、断股现象立即更换。

（5）电焊线通过道路时，必须架高或穿入防护管内埋设在地下。

（6）初、次级线路接线，应准确无误。

焊接人员要做好安全防护

电线接头要用绝缘胶布缠好

焊接导线长度要适宜

输入电压应符合设备规定，严禁接触初线路带电部分。

（7）次级线路连接铜板必须压紧，接线柱应有垫圈。合闸前详细检查接线螺丝及其他元件应无松动或损坏。

（二）事中操作

（1）应根据工件技术条件，选用合理的焊接工艺（焊条、焊接电流和暂载率），不允许超负载使用，并应尽量采用无载停电装置。不准采用大电流施焊，不准用电焊机进行金属切割作业。

（2）在载荷施焊中，焊机温升不应超过相关级别标准系数，否则应停机降温后，再进行焊接。

（3）电焊机工作场地应保持干燥，通风良好。移动电焊机时，应切断电源，不得用拖拉电缆的方法移动电焊，如焊接中突然断电，应切断电源。

（4）在焊接中，不准调节电流，必须在停焊时使用手柄调节焊机电流，不得过快过猛，以免损坏调节器。

（5）直流电焊机启动时，应检查转子的旋转方向，要符合焊机标志的箭头方向。

（6）直流电焊机的碳刷架边缘和换向器表面的间隙不得少于2~3mm，并注意经常调整和擦净污物。

（7）必须在潮湿处施焊时，焊工应站在绝缘木板上，不准用手触摸焊机导线，不准用臂夹持带电焊钳，以免触电。

（8）施焊中，如发现自动停电装置失效时，应及时停机断电后检修处理。

（9）完成焊接作业后，应立即切断电源，关闭电焊机开关，分别清理归整好焊钳电源和地线，以免合闸时造成短路。

电焊机的操作

要选用合适的焊条

操作时焊机温度不得超标

停焊时，方可调节焊机电流

完成焊接后，要切断电源

电焊机的及时维修

（三）及时维护

（1）检查焊机输出接线规范、牢固，并且出线方向向下接近垂直，与水平夹角必须大于70°。

（2）检查电缆连接处的螺钉紧固，平垫、弹垫齐全，无生锈氧化等不良现象。

（3）检查接线处电缆裸露长度小于10mm。

（4）检查焊机机壳接地牢靠。

（5）每月检查一次电焊机是否接地良好。

（6）检查电缆连接处要可靠绝缘，用胶带包扎好。

检查电缆线接头的氧化情况

（7）检查电源线、焊接电缆与电焊机的接线处屏护罩是否完好。

（8）焊机冷却风扇转动是否灵活、正常。

（9）电源开关、电源指示灯及调节手柄旋钮是否保持完好，电流表、电压表指针是否灵活、准确，表面清楚无裂纹。

（10）检查焊机外观是否良好、无严重变形。

（11）检查电机固定和绝缘电圈是否完好。

焊机外壳接地要牢靠

（四）故障排除

1.焊机无焊接电流输出

（1）机输入端无电压输入，则需检查配电箱到焊机输入端的开关、导线、熔断丝是否完好。

（2）部件接线脱落或断路，则需检查焊机内部开关、线圈的接线是否完好。

（3）部件线圈烧坏，需更换烧坏的线圈。

2.焊机电流偏小或引弧困难

（1）网络电压过低需待网络电压恢复

检查电缆线的绝缘情况

检查各种仪表是否正常

到额定值后再使用。

（2）电源输入线截面积太小，则需按照焊机的额定输入电流配备足够截面积的电源线。

（3）焊接电缆过长或截面积太小，则需加大焊接电缆截面积或减少焊接电缆长度，一般不超过 15m。

（4）工件上有油漆等污物，则需清除焊缝处的污物。

（5）焊机输出电缆与工件接触不良，则需使输出电缆与工件接触良好。

3.焊机发烫、冒烟或有焦味冒出

（1）焊机负载使用，则需严格按照焊机的负载持续率工作，避免过载使用。

（2）线圈内部短路，则需检查线圈，排除短路故障。

（3）风机不转（新焊机初次使用时，有轻微绝缘漆味冒出是属正常），则需检查风机，排除风机故障。

4.焊机噪声大

（1）线圈短路需检查线圈，排除短路故障。

（2）线圈松动需检查线圈，紧固好松动处。

（3）动铁芯振动需拧紧动铁芯顶螺钉。

（4）外壳或底架紧固螺钉松动，则需检查紧固螺钉，消除松动现象。

5.冷却风机不转

（1）风机接线脱落、断线或接触不良，则需检查风机接线，排除故障处。

（2）风叶被卡死，则需轻轻拨动风叶，检查是否转动灵活。

（3）风机上的电机损坏，则需更换电机或整个风机。

6.电源线或焊接电缆线带电

需检查接线处，排除不安全的外壳带电现象。

电焊机的故障排除

保险丝熔断要重新更换

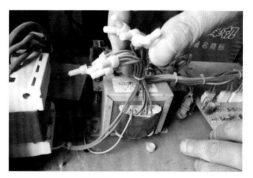

线圈烧毁要重新更换

风机上的电机要及时检修

要及时拧紧紧固件螺丝